新コロナシリーズ ㊻

磁石のふしぎ

茂吉　雅典・早川　謙二　共著

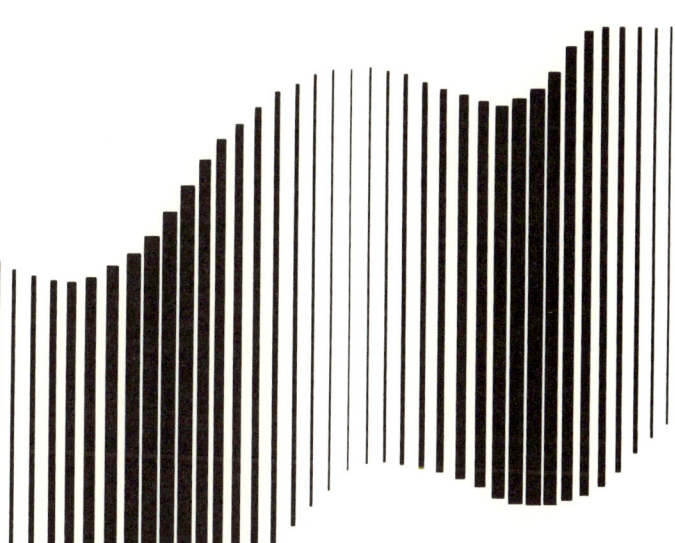

コロナ社

まえがき

きっと、人は何かを知りたくて読書します。中学・高校生のみなさんは、受験が気になりながら他の本も読みあさるでしょう。この本もその中の一冊に入れてください。この本は、磁石のふしぎが楽しくなるように、そのきっかけになればと思って執筆しました。近年、中高生の教科目で〝理科離れ〟といわれて久しいです。この本を通じて一人でも多くの人が、磁石に興味を持ち、科学の分野の磁石になじんでいただければうれしいです。

磁石は、はっきりいってふしぎです。磁石のふしぎは楽しい「ふしぎ」です。この本は、その磁石の「ふしぎ」を知るための初歩として、そのごく一部について述べたものです。

磁石は私たちの生活を、いろんな形に変えて支えています。その磁石の歴史や使用の応用についてわかりやすく述べてあります。身近にあるおもちゃなどを使って、その世界をのぞいてみます。この本にある実験は、簡単に行える実験です。できるだけ自分で体験してください。自分で行う実験を通して、本当にふしぎな磁石に出会えるでしょう。

例えば、47ページの粉《こな》磁石を自分で作ってみてください。その永久磁石を砕《くだ》いた粉のかたまりは鉄を引きつけませんが、ほかの永久磁石に二、三回、ピチョーン、ピチョーンとくっつけると磁石の粉のかたまりが鉄のクリップをくっつけるようになります。また、磁石の粉のかたまりをクシャクシャと手でもむと、再び鉄のクリップがくっつかなくなってしまいます。理屈《りくつ》がわかっていてもマジックを見ているようです。私はこの本を書くにあたって、久しぶりにこの実験をしました。百円ショップで売っているフェライトの磁石は意外と、簡単に粉にすることができました（ただ、ハンマーで磁石をたたき割るときには保護用のメガネをかけるのを忘れないでください）。初めてこの実験を見たのは中学生の頃《ころ》だったと思いますから、今から五十年以上も前のことです。そのときは、教室の前の教壇《だん》で理科の先生が実験をしてくださいました。たちまち、そのときの感動がよみがえってきました。そして、この単純な実験を何度も飽《あ》きずに行いました。そばで笑いながら、孫たちも同じ実験をしました。彼らも、磁石の楽しいふしぎに出会ったようでした。多くの子どもたちに、このふしぎでおもしろい磁石の世界へ踏み込《こ》んでいただきたいと思います。少しだけでも磁石のことがわかり始めると、どんどんおもしろくなりますよ。記述には正確性に欠けた表現もありますが、わかりやすさを優先させました。

本書が一般的な子ども読み物としてだけではなく、磁石の入門書として、電気・電子関係の勉学をめざす学生・生徒諸君の課外読み物としても興味ある情報を提供できるのであれば望外の喜びです。

磁石の世界でその発展に寄与した世界的な日本人の研究者・技術者は多いのですが、本文中、人名に＊をつけ、巻末に簡単な人物解説をつけるにとどめました。また、用語につけた＊は、章末に解説を示しました。

本書ができ上がるまで、細部に至って校正、ご指摘や編集作業を根気よく進め、ご支援してくださったコロナ社に心より謝意を表します。

最後に、著者の浅学のための内容の軽重や客観性の欠如、さらに、先輩に対する礼を失した点など、すべてに対してご寛容のほどを願っています。ご意見、お気づきのことなど、ご指摘は茂吉までお寄せください。

二〇一〇年一月

〒五〇九－〇一二二　岐阜県　各務原市　新鵜沼台　五－四

茂吉　雅典

もくじ

1　ようこそ、磁石の世界へ

鉄を見えない力で引きつけるものを磁石といいます。おもしろいですね。この磁石の力は一般に磁力と呼ばれています。磁力は吸引作用といって鉄を引きつけたり、また磁石どうしでたがいにくっついたり、斥力《せきりょく》作用といってたがいに離《はな》れたりします（反発したりします）。これはエネルギーです。どちらの作用も力なんですよ。つまり、磁石はエネルギーのかたまりです。そして、必ずN極とS極を持っています。

世の中で目に見えるものは少ないといってよいのですが、磁力も目に見えませんから、それがどのような働《はたら》きをしているのか、わかりづらいと思います。でもその力の性質を利用して、いろいろな製品ができています。まわりを見回してください。家の中に磁石を使った多くの道具や電気機器があります。ネックレスやブレスレットなどにも磁石を使ったものがありますね。テレビやラジカセだって磁石は重要な役割を果たしています。そうそう、近頃うちの奥さんが磁石の窓ふき（写真1）を買ってきました。二階の窓も安全に室内から外がふけると喜んでいます。原理は、金魚の水槽《すいそう》のガラスを磁石ではさんで外から磁石を動かすと中の鉄片も一緒についてくる、そのとき、水槽のガラスをふいてくれる、あれです。磁石の窓ふきは、水槽とは逆に内から外をふきます。

こうして家の中を見てみると、どこの家にも五十個や百個近くの磁石はあるのではないでしょうか。もっと多くの磁石がある家もあるかもしれません（写真2）。

私たちの目にふれる家庭から、工業用の道具や医療用の機材に目を移せば磁石はもっと多く使われています。例《たと》えば、工業用ではアルミニウムと鉄とを分別するような大掛かりなものも鉄を引きつける磁石の性質を利用していますし、最近の自動車は走るコンピュータです。始動セルモータや発電機（ダイナモ）だけでなく、ドアキーに至るまで、高級車といわれる自動車ほど多くの磁石が使われ、その磁石は百個を超《こ》えています。そして医療用に使われる磁石にはＭＲ（magnetic resonance、写真3）のような大きなものから、歯科で近年使われるようになった義歯《ぎし》（入れ歯、31ページを参照）や、電子体温計のスイッチの磁石のような小さなものまであります。しかし、磁石の応用はそればかりではあ

室内から窓の外の部分をふいているところです。

写真1　磁石の窓ふき

りません。磁石は今や、私たちの生活に欠かせない重要なものになっています。自動化につきもののセンサも磁石を利用したものは多いのです。そもそも、私たちの家庭に送られてくる電気（電力）は（蓄《ちく》電池や乾《かん》電池など化学反応のものや、太陽電池などの物理反応のものを除いて）磁力がなければ発電できないシステムですから「電気の大本《おおもと》は磁力だ！」と大声で叫んでもいいわけです。

私たちは小さなものから大きなものまで、形だけでなくその性能も使い分けて多くの磁石を利用しています。

居間にはテレビ、ビデオ以外にも扇風機、パソコン、ハードディスク、電話ファックスなども見られます。

写真 2　居間の片隅《すみ》

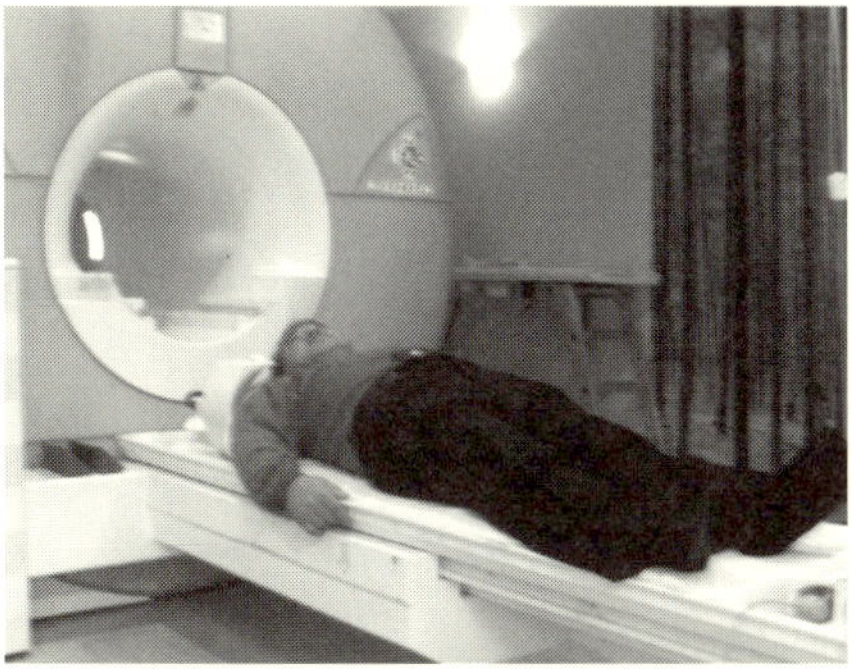

写真 3　著者が MR 検査を受けるところ

2　磁石で遊ぶ

インターネットで「玩具《がん》　磁石」を検索《けんさく》しますと、多くの遊び道具が紹介されています。キャッチフレーズは「理論的思考や創造《そうぞう》力の促進《そくしん》に役立つ」ということです。それだけ磁石には夢が託《たく》されていることがわかります。

たとえば、こんな遊びがあります。薄い鉄板の上に、円板状の磁石を円形に数個並べます。その上から別の磁石を糸でつるし、近づけてみると、下に置いた磁石の向きや位置によって、ゆらゆらと揺《ゆ》れたり、また引きつけられて止まったり、予期することが困難なほど複雑な動きをします。その磁石に人形などをつけると、人形は磁石といっしょに複雑な動

写真4　ふらつく人形

きをします（写真4）。配置を工夫したり下の磁石をかくしたりすると、人形の止まる場所や数を当てるなどのゲームに使うこともできます。

また、磁石を使ったダンス人形もあります。写真5(a)は台に乗った踊る女の子の人形です。人形の台の下が丸くなっていて、その中に錘《おもり》をかねた丸い磁石が、重心の支点を少しずらせるため、斜めに傾けて入っています。台の下から、別の磁石をここに、磁石の向きを同じにして近づけます。そうすると、人形は後ろのほうに押されるとき支点が横にずれて、揺《ゆ》れながらグルグルッと回転します。これを続けることによって、人形はダンスを踊るような動きをします。近づける磁石の

（a）

（b）

写真5　磁石を使ったダンス人形

傾きや磁石の極性を変えると、二人の人形はたがいに逆の回転をしたり予想できない動きをするようになります。写真5(b)はたまごのカラに円形の磁石を入れて作りました。自分で作ったものも楽しい動きをします。

写真6の子どもは色のついた棒磁石と鉄の玉で遊んでいます。棒磁石の先が異極だとくっつきますが、棒磁石の先が同極だと反発しますから、向きによって斥力と引力が働き、同極ですと棒磁石がクルッと、百八十度回ります。ピラミッドのような形や立方体や結晶のような格子模様などを作って遊びます。

写真6　磁石のおもちゃで遊ぶ子ども

（a）　ラジコンカー

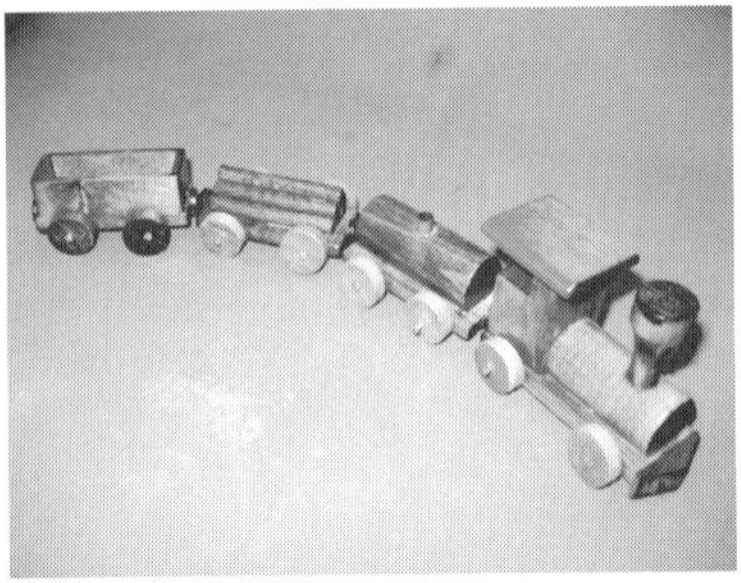

（b）　汽車のおもちゃ

写真7　磁石を使ったおもちゃ

写真7はラジコンカーと汽車のおもちゃです。ラジコンカーは小さくても強力磁石を用いたモータを搭載《とうさい》していますから、スピードもパワーもあります。おもちゃといっても、動くモータの原理は道路を走る本物の電気自動車と同じです。汽車のおもちゃは連結部が磁石になっています。磁石の極性によって、くっつく車両《しゃりょう》の向きが決まります。車両の順番を決めることもできます。

そのほか、磁石を使っていろいろな遊びを考えてみてください。

3　磁石の始まり（人間に初めてものを教えたのは磁石だった？）

人類が初めに知った磁石は磁鉄鉱《じてっこう》（四酸化三鉄からなる鉱物）という自然の中にある鉱石です。ほぼ、特殊な鉄の酸化物からできています。いつの頃かわかりませんが、西暦紀元前の遠い昔、人が山を歩いているときに杖《つえ》の先につけた鉄につく石があることに気づいたことが、始まりではないかといわれます。中国の河北省の南方に慈州《じしゅう》というところがあり、そこでたくさん産出されたことから、磁石と呼ばれるようになりました。また、ギリシャの東側の対岸付近にあるマグネシア地方でもたくさん産出されたことから、西欧ではマグネットと呼ばれるようになったといわれます。磁石やマグネットは、いずれも産地に由来《ゆらい》した名前なのです。

昔、御指南番《ごしなんばん》というと、大名に仕《つか》えて武芸を教授した役人のことをいいました。現在でも剣道などでは「ご指南をお願いします」などと使うようです。この言葉にはつぎのような由来があったそうです。

中国では磁石が地球の南北を指すことが古くから知られていました。紀元前二〇〇年から三〇〇年頃、磁鉄鉱を柄杓《ひしゃく》のように削《けず》って「指南の杓《しゃく》」と呼んだことが古い書物に記されているそうです（写真8）。柄《え》の向くほうが南を指します。

この指南の杓は、中国古代四大発明の一つになっています。これが方位計の始まりです。

古代、帰路に迷わないように、つねに南を示すように磁石を仕込《しこ》んだ装置である木造の仙人をの

写真8　指南の杓（中国歴史博物館監製、加藤哲男蔵）

写真9　笛がついた方位計

せて、戦《いくさ》に行ったのだそうです。これを指南車といいました。それから、指揮《しき》をとる大将のことを指南と呼ぶようになりました。日本ではどこからでも山が見え、戦に夢中になって帰る道を失うとは考えられないことですが、広い大陸では帰る方向がわからなくなることがあったのでしょう。伊能忠敬はこの方位計を平和的に利用しました（20ページを参照）。

写真9は笛がついた方位計です。山登りや災害のときなどに使います。

近年、飛行機や船舶《せんぱく》だけでなく漁船や車まで、ナビゲーションシステムの搭載があたりまえになりました。さらにポータブル化し、携帯電話にもその機能をつけ加えたものが出現していますから、近いうちに方位計は忘れ去られるかもしれません。

4　磁気センサ

目に見えない磁気があるのかないのかを調べるには磁気検知器、磁束計（写真10）などを使います。これらを磁気センサと呼んでいます（磁気センサには小さな磁石が使われます）。この磁気センサを使うと磁気で記録されたデータを読みとることができます。例えば、ＡＴＭ（現金自動預《あず》け払い機）や自動販売機などではそのような使われ方がされています。

　また、磁気センサで地磁気（５章、６章を参照）を調べることで、方位を測定することもできます。じつはむしろこちらの使い方のほうが

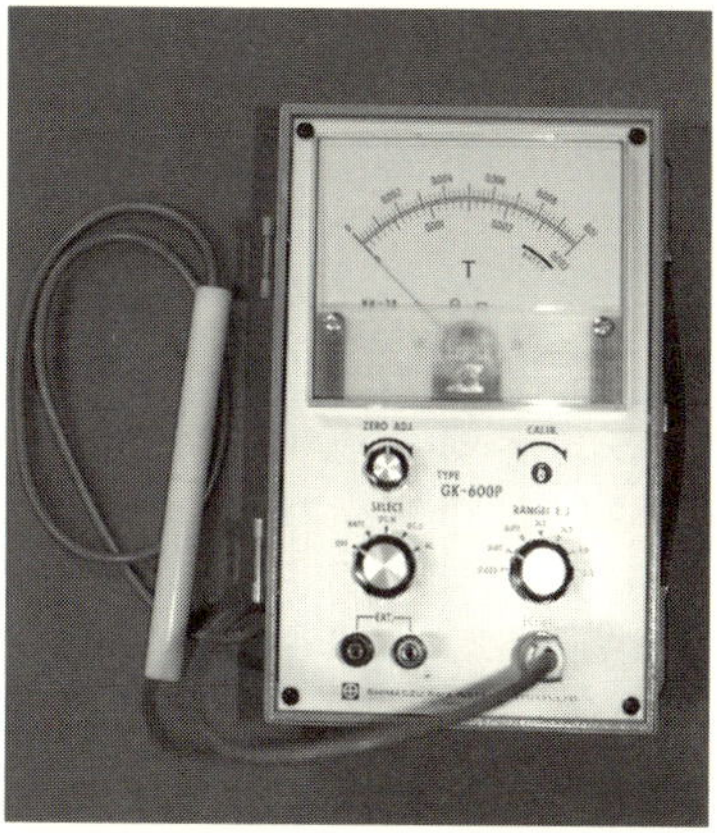

単位のＴ（テスラ*）が目盛板から読みとれます。

写真 10　磁束計

古く、中国では磁石が地球の南北を指すことがずっと昔（後漢時代）から知られていました。3章で紹介した指南の杓などはまさに磁気センサです。

時代が下るにつれ、人の移動は陸だけでなくやがて海へと広がりました。広い海で、行き先を、あるいは帰り道を知るのに方位は必要不可欠です。そのため、星を目印にした航海術も発達しましたが、昼は星が見えません。夜であっても、雨やくもりで星が見えないときもあります。そこで、どんなときでも方位を測定できる装置として指南魚《しなんぎょ》*（写真11、12）が便利に使われました。これも立派な磁気センサです。図1に指南魚の図解を示します。

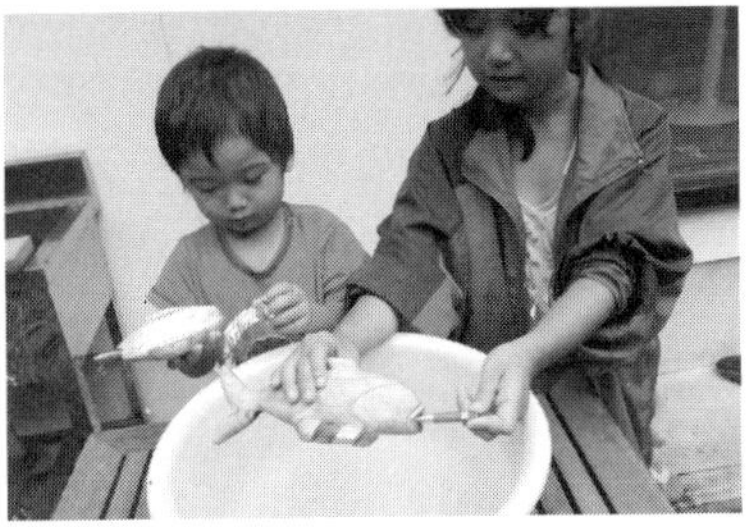

写真11　指南魚の模型に磁石を入れるところ

写真12　二匹の指南魚が南と北を向くようにそれぞれ逆向きに磁石を入れたもの

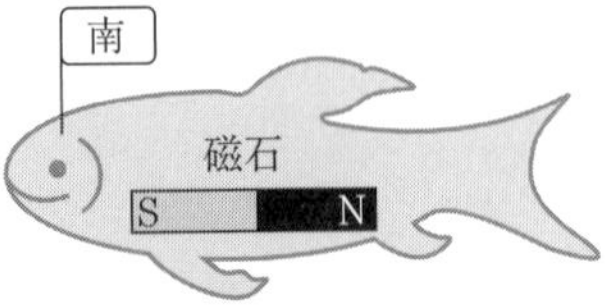

図1　指南魚の図解

＊テスラ：磁束密度の単位で、ニコラ・テスラ＊の名前からつけられました。磁束の方向に垂直な面の一平方メートルにおいて一ウェーバの磁束密度を一テスラといいます。

＊（古代中国の）指南魚：水に浮くように木で作った魚の腹に磁石を埋め込んだものです。図1のものは頭の向く方角を南としました。水に浮かせる発想から羅針儀《らしんぎ》が作られました。

［コラム］弱い磁力

磁気テープ

ほんの一昔（十年くらい）前まで音声の記録にはテープレコーダが使われていました。テープの種類も記録する幅によって写真13のように多くありました。現在も二分の一インチの家庭用VTRは使われていますが、家庭用のDVDで記録再生が手軽に行えるようになった今日、DVDにとって代わられるのは時間の問題でしょう。それはさておき、磁気による記録はデンマークのポールセンによって一九〇〇年になって発明されました。初めは鋼線が使われましたが、一九三五年頃になるとドイツなどで、プラスチックフィルムをベース（基板）にして微

写真13　VTRテープとオーディオ用カセットテープ

細な磁性粉《ふん》を塗布《とふ》したテープが開発されました。それからは、この記録用テープの改良や開発によって記録性と再現性が向上し、現在の安定した磁気テープが作られるようになりました。

磁石にくっつくお札《さつ》

紙でできていると思ったお札が磁石にくっつきますよ。実験には図2のようなつまようじを立てる台を作り、のせやすいように一万円札を二つ折りし、バランスよくつまようじにのせます。

ソーッと磁石を近づけると、お札のほうからくっついてきます。どの部分が磁石にくっつくのでしょうか。磁石にくっつくということは、そこに磁気で何かが書き込まれているのかもしれません。何が記録されているのでしょうか。

五千円札ではどうでしょうか。考えてみるのもおもしろいですね。でも、くれぐれも悪用しないでくださいね。ヒントは写真14の自販機にあります。

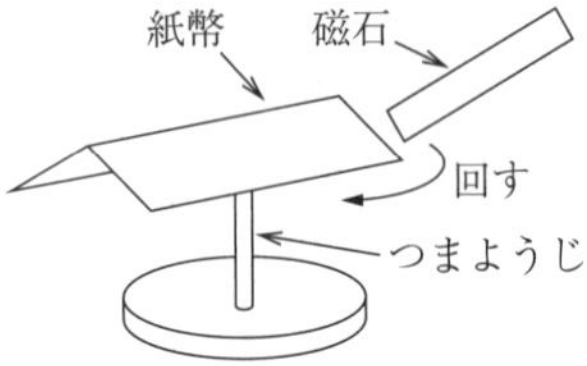

図2　お札にさわらずに回転させる。

写真14　自動販売機

5　S極とN極

磁石には必ずS極とN極があり、その間に、N極からS極に向かう磁界ができています。その様子は磁石の上に紙を置いて、そこに砂鉄をまくことによって観察することができます。二つの磁石を近づけるとS極とN極は引きつけ合います（写真15）が、同じ極どうしは反発します（写真16）。これは磁界の向きをそろえようとする力が働くからです。無理に反発させると、磁力は弱くなりますから注意しましょう。

細長い磁石のS極とN極の中心を糸で結んでつるしてみましょう。地球の南を向くほうがS極で、北を向くほうがN極です。それは、地球が南北に磁極のある大きな磁石になっており（写真17）、そのため、地球上に磁界ができていることによっています（6章を参照）。磁石のS極とN極とはそれぞれ地球の南と北の極に吸引されるのですから、地球という一つの磁石は、じつは南極はN極、北極はS極になっています。

地球が磁石になっている理由です。地球断面を見るとき（だれも本物を見た人はいないのですが）、平均三十キロメートルくらいの地面の部分を地殻《ちかく》といいます。その内部の二千九百キロメートルくらいまでマントルが続きます。その中心に核《かく》があります。この核の中に溶けた鉄やニッケルのような金属があり、それがグルグル回転しながら電気を伝えて（発電して）、地磁気を起こすと考えられています。写真18はドーナツ型の二つの磁石です。極性は上の面と下の面で分かれ、二つ

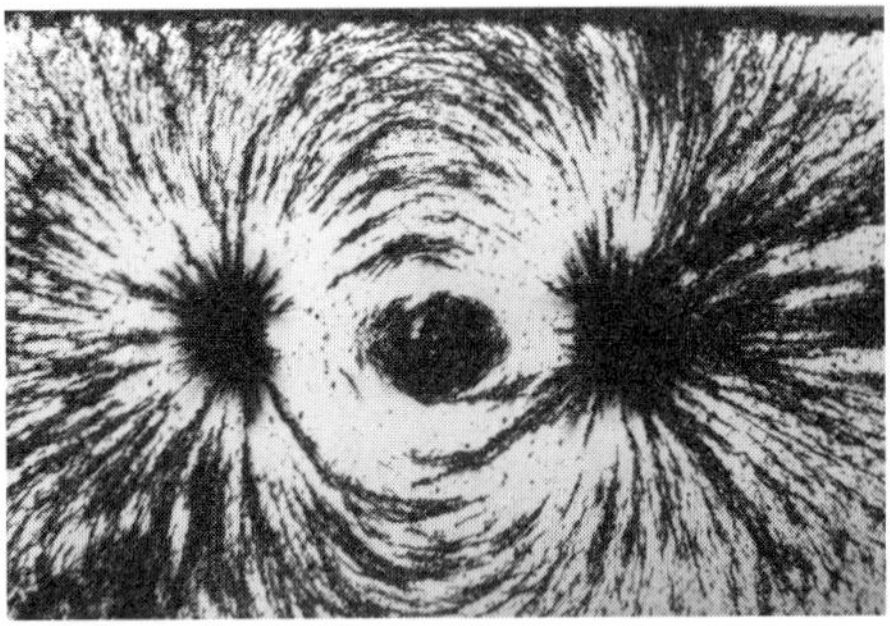

写真 15　二つの磁石の異極どうしをくっつける。

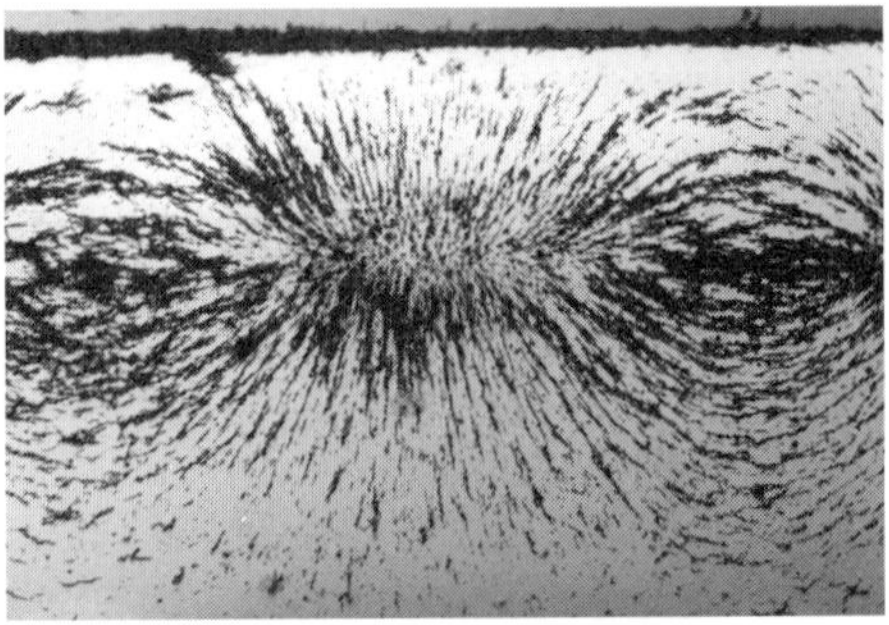

写真 16　二つの磁石の同極どうしをくっつける。

の磁石が向き合った面は同極ですからおたがいに反発して、上の磁石が浮《う》いています。地球の内部でも同じように同極が反発して、南と北に分かれた大きな磁石になっていると考えることができます。

写真19は磁化された縫《ぬ》い針です。磁化する前は水平だったのですが、磁化されるとN極（針先）のほうが下を向きました（南極は逆）。これを伏角《ふっかく》といいます。伏角は北極へ近づくほど大きくなります。北極へ行ったら伏角は最大となり、磁石は立ってしまいます。これは写真20などの砂鉄が描いた磁力線を見ても理解できますね。

地球が写真のように透明だったら、こんなふうに見えますか？　ちょっと変ですか？　そうです！　地球は北がS極なんです。

写真17　地球儀、地球の磁石

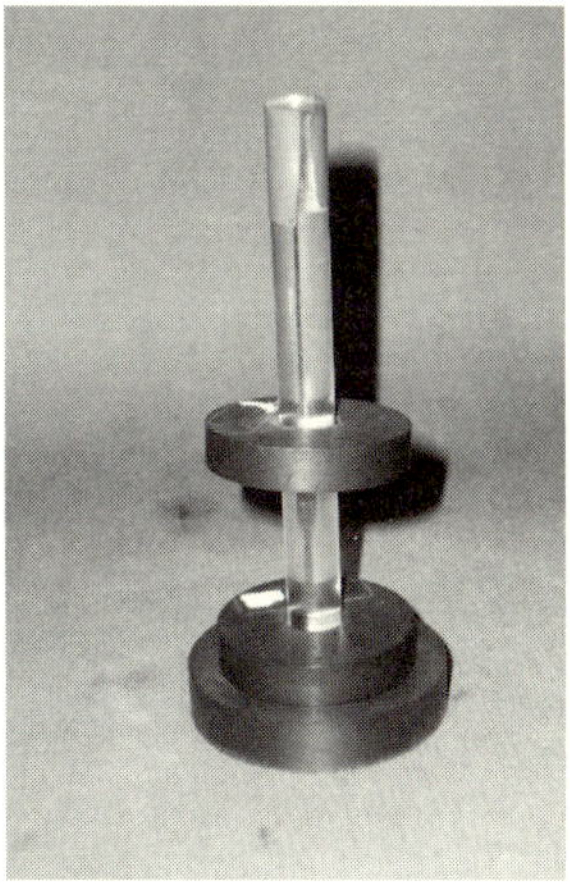

写真18　浮き磁石

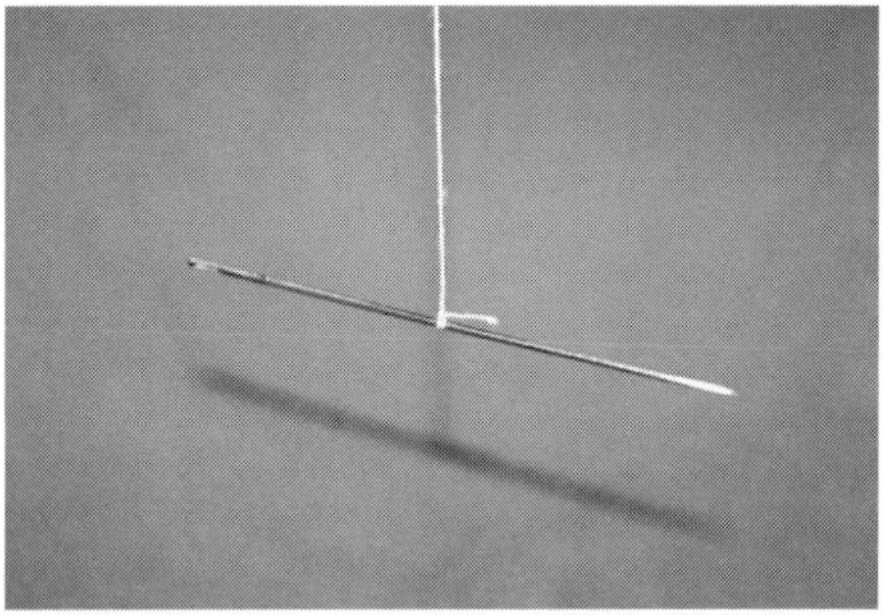

写真 19　磁化された縫い針

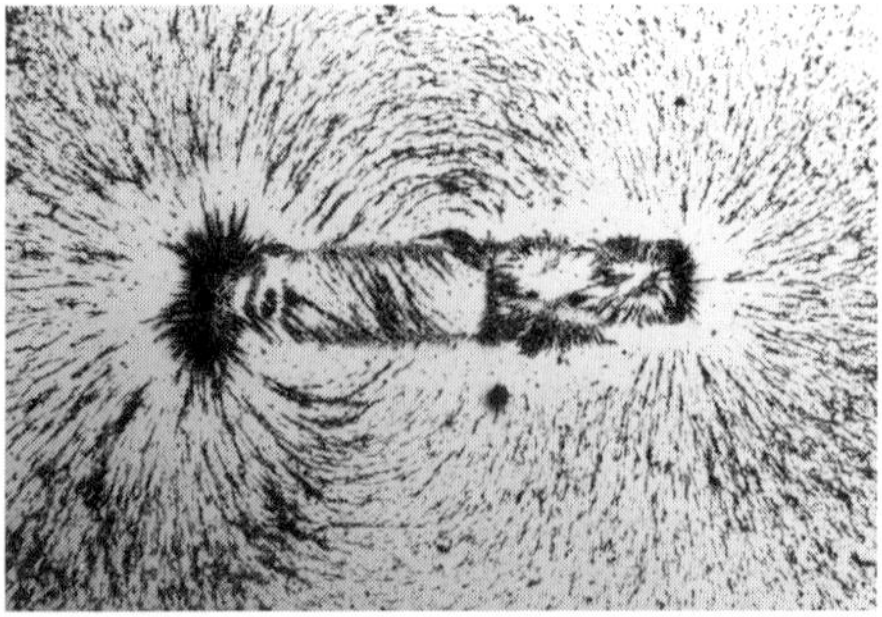

写真 20　一つの磁石による砂鉄の磁力線

6　地磁気と伊能忠敬

地球の本当の南北の方向と磁石が示す南北の方向（地磁気の磁力線の向き）は少しずれています。この地磁気の方向と本当の南北の方向とのずれの角度を偏角《へんかく》といいます。日本では九州から北海道まで、約五度から九度まで変化しています。

また磁石の向きは、よく見ると水平方向からもかなりずれていて、日本の中央部では水平方向から約四十八度もずれています。この水平からのずれの角度のことを伏角といいます。おぼえていますか。図3のように磁化させた縫い針を糸でしばって水平にぶら下げようとしても、北半球の日本では針のN極側が下がって水平にはならないのでしたね。そして南半球では逆になります。5章の写真19も見てください。

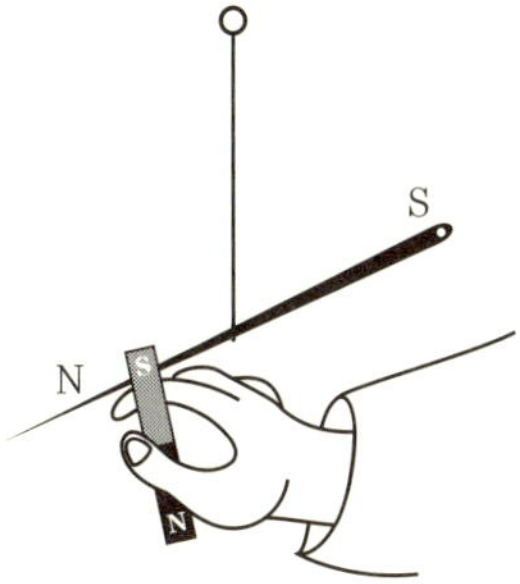

磁石で擦《こす》るとN極は下のほうを向く。

図3　磁化した縫い針

ところで、この地磁気の方向は年とともに少しずつ変化しています。しかも驚くことに数十万年の繰《く》り返しで地磁気が消えたり、南北が逆転しているのだそうです。伝書鳩《でんしょばと》は地磁気の方向を感知して飛んでいるといわれますが、そのときどうなるのでしょうか。

なお、一八〇〇年頃から伊能忠敬《いのうただたか》*（写真21）が羅針儀（方位計、写真22）を使って、日本全土の地図作りのために測量をしました。忠敬が測量していた頃は、ちょうど偏角がほぼ0度であったようです。

また忠敬は刀を持っていますが、測量の旅に出るときには磁石の方向が狂わないように武士の

写真21　伊能忠敬の銅像

写真22　伊能忠敬が使った羅針儀（千葉県香取市佐原　伊能忠敬記念館蔵）

魂《たましい》ともいえる刀を竹光《たけみつ》に代えてさしていたという話があります。これは測量にはたいへんよい条件でしたが、測量という行為《こうい》が理解できない人から、幕府《ばくふ》の隠密《おんみつ》（スパイ）と疑われて命を狙《ねら》われることもあり、勇気が必要でした。まさに命を賭《か》けた測量でした。

忠敬が使った羅針儀は真鋳《しんちゅう》でできていました。現在この羅針儀は、伊能忠敬記念館に所蔵されています。

7　磁石を作ってみる

鉄板に穴あけの工作をするとき、ドリルの刃《は》が切れないと、あけた穴の切りくずがドリルの刃先にくっつくことがあります（写真23）。これはドリルの刃が磁石となってしまったからです。同じように、鋼鉄の棒の先端をハンマーで繰り返したたくなどの規則的な刺激を与えても磁石になります。

しかし工業的には、鉄に導線を巻いて直流電流を流すことで磁石を作っています。鉄に導線を巻いて直流電流を流すと中の鉄は磁石になります（これを電磁石といいます。くわしくは8章を見てください）。軟鉄《なんてつ》という種類の鉄では電流を切ると磁力はなくなってしまいますが、鋼鉄という種類の鉄は電流を切っても磁力を保持《ほじ》します。

写真 23　切れないドリルの刃先に鉄粉がつく。

磁石を作るには、さらにまた別の方法もあります。まず、針を真ん中から端のほうに向かって磁石の磁極のところで擦《こす》ります（図3）。つぎに、反対の端を同じようにもう一方の磁極のところで擦ります。このようにしても針を磁石にすることができます。このとき、N極で擦ったほうがS極、S極で擦ったほうがN極になります。ただ片方だけ擦っても磁石になります。針のような焼き入れされた鋼鉄には、このように磁区が整列して磁石になる性質があるのです。

磁石を簡単に作るには、地球上の一番大きな磁石、つまり地球を一つの磁石として利用する方法もあります。

十分に水を入れた洗面器と、縫い物に使う針を用意します。そして、針を電熱器またはガスコンロなどで真っ赤になるまでしっかり加熱し、洗面器の水に入れて急いで冷やす、つまり〝焼き入れ〟をします。このとき、針は南北の方向に向けておきます。でき上がったこの簡単な磁石を小さな発泡《はっぽう》スチロールにのせて、そっと、洗面器の水に浮かべてみましょう。針はゆっくり地球の南北の方向を向いて止まります（写真24）。日常的に地球の磁力を身体で感じる人はいないと思いますが、結構大きな磁力であることに気がつきます。

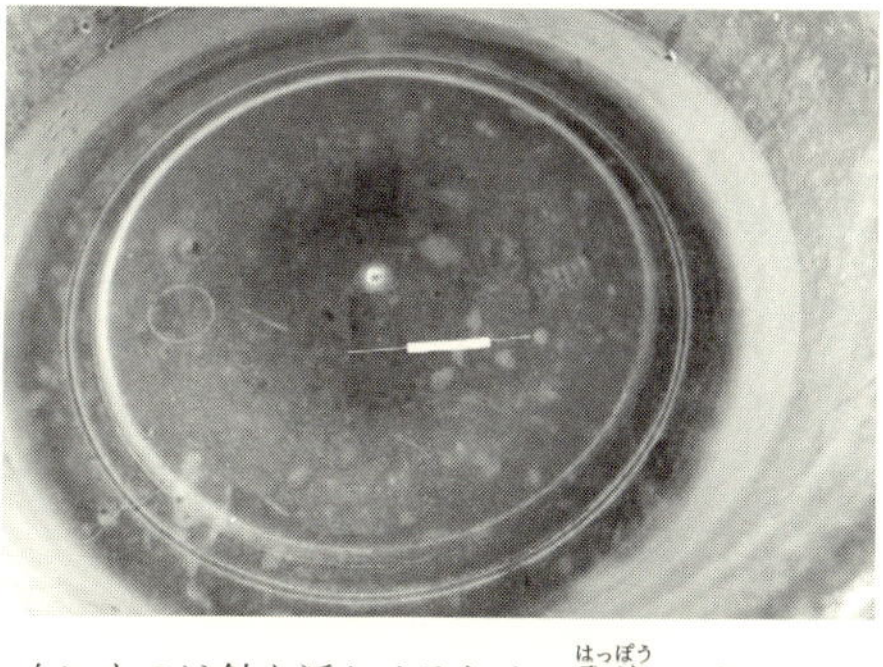

白いものは針を浮かせるための発泡《はっぽう》スチロール

写真 24　洗面器の中の磁石になった縫い針

8 電磁石

釘《くぎ》のような軟鉄を芯《しん》にして導線を何回も巻き、コイルを作ってみましょう。このコイルに電流を流すと、鉄は磁化されて磁石のようになります。ためしに虫ピンを近づけると吸引されます（図4）。これが電磁石です。

電流が流れているときだけ磁石になっており、電流を切ると元の軟鉄にもどってしまいます。この原理はたいへん便利に使えて、電気機器としてじつにたくさんの応用があります。工場でも鉄をくっつけたり、磁石にくっつくもの（鉄

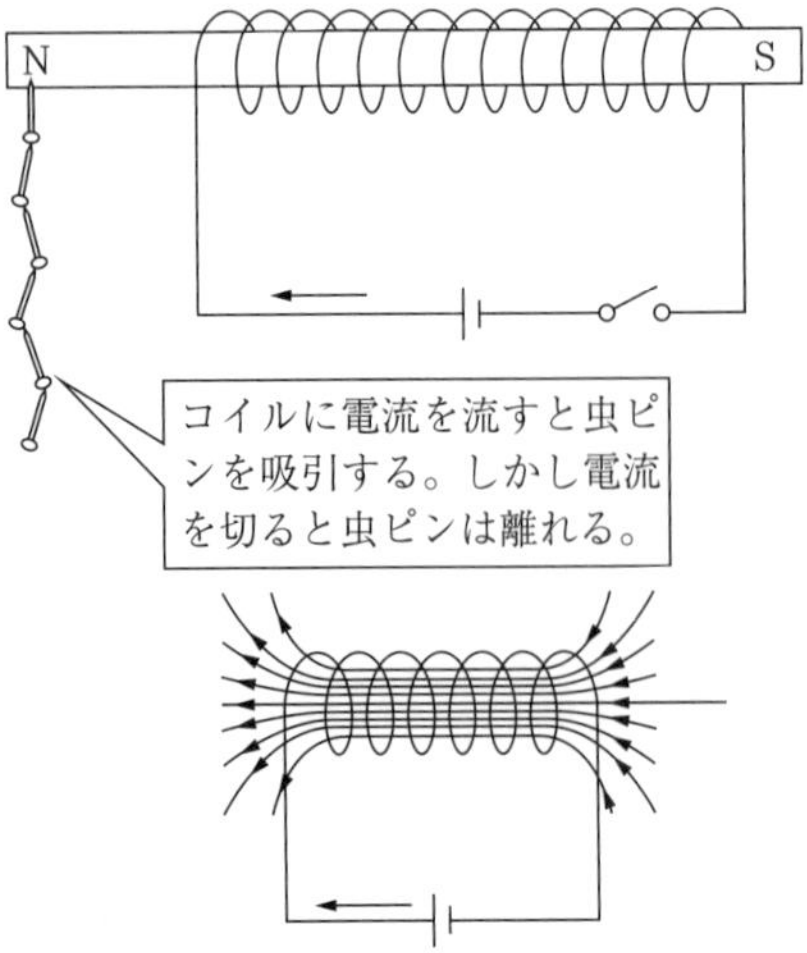

図4　電磁石

類）と、そうでないもの（非鉄金属）との区別に使ったりしています（写真25）。また、軟鉄ではなく焼き入れした硬い鋼鉄を芯に使ったコイルに強い電流を流すと、電流を切った後も芯の鋼鉄は磁石のままになっています。通常、磁石はこのようにして作られています。

コイルに電流を流すとコイルの中に磁界ができます。電流の流れる方向が、コイルの端において右回りになるほうがS極（南極）で、左回りになるほうがN極（北極）です。これは電流の方向について、S極については〝s〟の文字をそのまま伸ばしてⓢ、または、南の〝み〟の文字をそのまま伸ばして(み)のように、同様にN極についても〝n〟の文字を伸ばしてⓝ、または、北の〝き〟の文字を伸ばして(き)のようにおぼえるとよいと思います。

写真25　持ち込まれたスクラップから、鉄類を非鉄金属（磁石にくっつかないもの）、アルミニウム、銅などと選別してトラックから降ろしている。

9　安全な食肉のために（牛への磁石の利用）

　磁石が鉄を引きつけるという作用を利用した、さまざまな種類の便利な道具があります。1章で紹介した金魚槽の内側のガラス面の水藻《みずも》などをきれいにふく道具もそうですが、磁石にはあまり知られていない使い方があります。ここでも、その一つを紹介しましょう。

　牛の胃袋は複胃《ふくい》といって四つの胃袋から成っています。この胃の中にあらかじめ磁石を入れておくのです（写真26）。

　牛の食糧として、藁《わら》が中国や台湾などの外国から輸入されることが多いのですが、その藁は針金でしばられていることが多く、飼料に加工した藁の中にまちがえて金属片が混入してしまうことがあるのです。牛はもともとキラキラ光るものが好きなので、牛が誤って金属の破片を同時に食べてしまうことも考えられます。胃の中に入った金属は胃の粘膜《ねんまく》を痛め、やがて、牛のほかの部位や心臓へも悪影響をもたらすようになります。

この対策として、牛の胃の中にチョークぐらいの大きさの磁石（写真27）を入れ、藁などに混入していた金属をそれにくっつけ、後《あと》で取り出すのです。いずれも獣医師が行わなければならないので手間と費用がかかります。また、磁石を飲ませた牛の出荷時にも、獣医師の署名書が必要になってきたりして、面倒《めんどう》な手続きが必要になります。現在は中国や台湾から、鉄の針金でしばった藁の輸入が制限されました。その結果、牛への被害は少なくなり、この磁石を使用する酪農家は少なく

写真 26　アルニコ磁石（11 章参照）は牛の第三の胃（または第二の胃）に入れてあります。

写真 27　女の子が手にしているのが、牛の胃袋に収めて鉄片などを吸《す》いつけて牛の胃袋を守るアルニコ磁石です。

なりました。それよりも、安全な食料を牛にも与えたいものです。

同じように私たちが食べる食料のことで、食品加工工場での金属の混入がときどき問題になります。私たちが胃の中へ磁石を入れておくわけにはいかないので、食品の生産加工工場では厳重なチェックが行われています。これに使われるものも磁力です。近年のシステムは食品加工の会社が独自に開発したものや専門業者が開発したものまで多くあります。いずれの場合でも近年の強力な磁石の開発により、ほとんど完全に金属の混入を発見できるシステムができ上がっていますから、缶詰《かんづめ》なども安全な食材として私たちは利用できます。

10　強い磁石の発明（少しむずかしいかな？）

磁石の歴史は、より強力な磁石を作ることへの挑戦です。

そして、この百年足らずの間に大きい進歩をとげ、つぎつぎと強力な磁石が発明されてきました。図5の横軸は年代で、縦軸は磁石の持つエネルギーの大きさを示しています。初めの有名な発明は一九一九年、東北大学の本多光太郎*によるＫＳ鋼です。これはコバルト、クロム、タングステンを含む鋼鉄からできています。現在実用になっているおもな磁石について、発明の順に並べると表1のようになります。世界の中で、日本が大きな役割を果たしていることがわかります。これらの磁石粉末とプラスチックを混合し、固めて作ったボンド磁石が広く実用になっています（12章参照）。このほかにも日本で発明され、少量ですが、実用になっている、鉄・クロム・コバルト磁石（一九七一年）、サマリウム・鉄・窒素磁石（一九九〇年）のような磁石もあります。

一方、おもちゃの磁石や馬蹄形《ばていけい》磁石など、現在も使われている鉄・クロム磁石は日本人技術者に

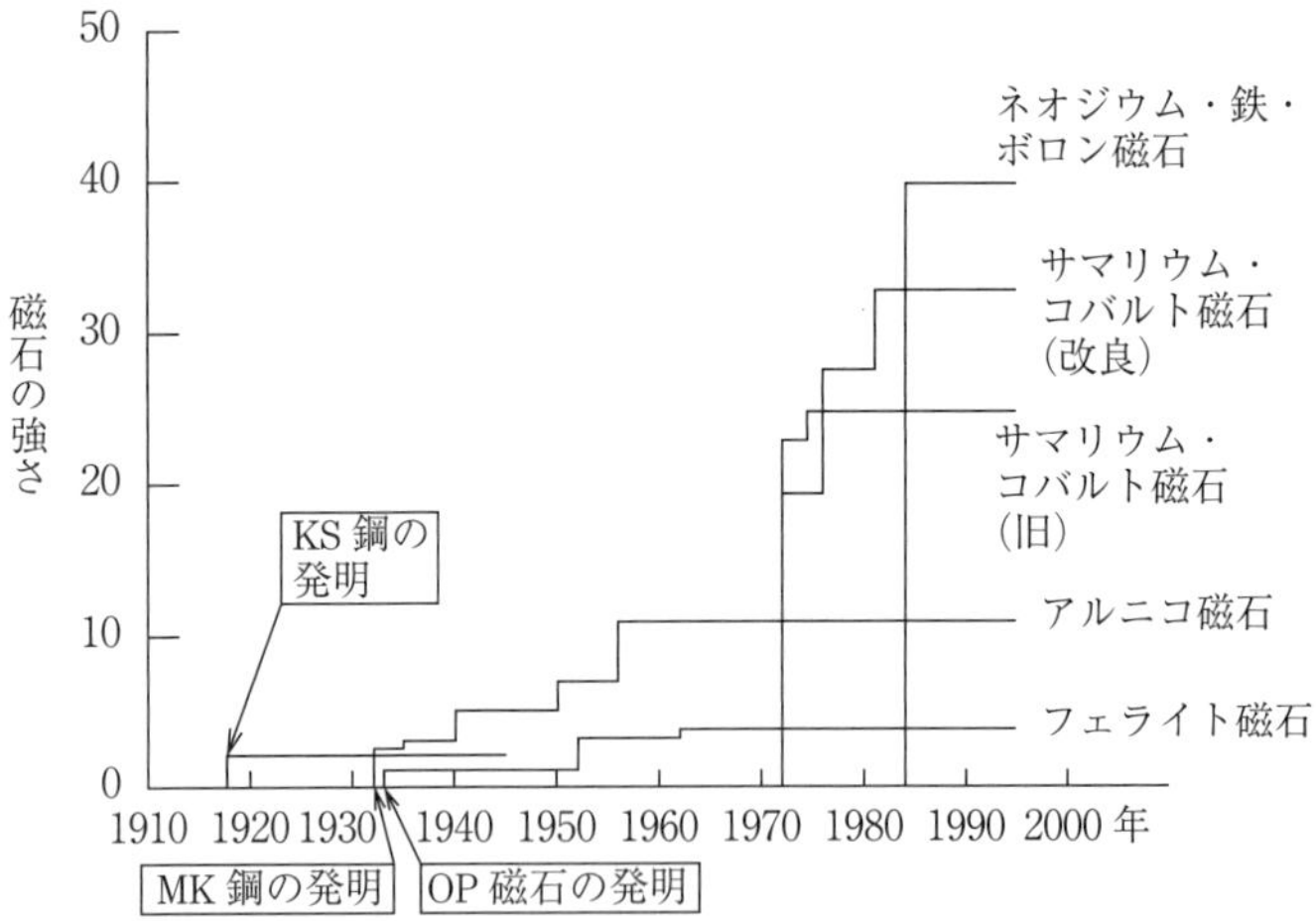

図 5　磁石の発明の歴史

表 1　現在実用になっているおもな磁石

発明年	発明した国	種類	改良の年	改良国	おもな成分
1931	日本（MK 鋼†1）（1934 新 KS 鋼†2）	アルニコ磁石	1942	オランダ	アルミニウム、ニッケル、コバルト、鉄
1933	日本（OP 磁石†3）	フェライト磁石	1952	オランダ	バリウムと鉄の酸化物
1967	米国	サマリウム・コバルト磁石	1975	日本	サマリウム、コバルト、鉄、銅など
1984	日本・米国	ネオジウム磁石			ネオジウム、鉄、ボロン

†1　東京大学 三島徳七*による。
†2　東北大学 本多光太郎による。
†3　東京工業大学 武井武*による。

よる改良の賜物《たまもの》ですが，発明史には残っておりません。発明だけではなく改良も，大きな社会進歩への貢献《こうけん》だと思います。

［コラム］　強力磁石で可能になった磁石式入れ歯

古代エジプト時代にも入れ歯があったということから，入れ歯の歴史は古いのです。宮崎県の古墳から入れ歯が発掘されているそうですから，ヨーロッパより日本が古い歴史だといってよいかもしれません。それから近年まで，入れ歯の材料に進化があったものの，装着の方法に大差はありませんでした。それが，強力な磁石の出現で今まで考えられなかった方法で，義歯が装着可能になりました。ネオジウム磁石式入れ歯がそれです（写真28）。方法も，ほんの少し前までは磁石を埋め込む歯根がしっかりと安定していることが必要条件でしたが，インプラント（人工歯根）に磁石をつける磁性アタッチメントの技術が開発され，進歩途上です。

利点として，元来の方法では，失った歯が多いと義歯が大きくなりますが，磁石での装着は強力で軽量化できるこ

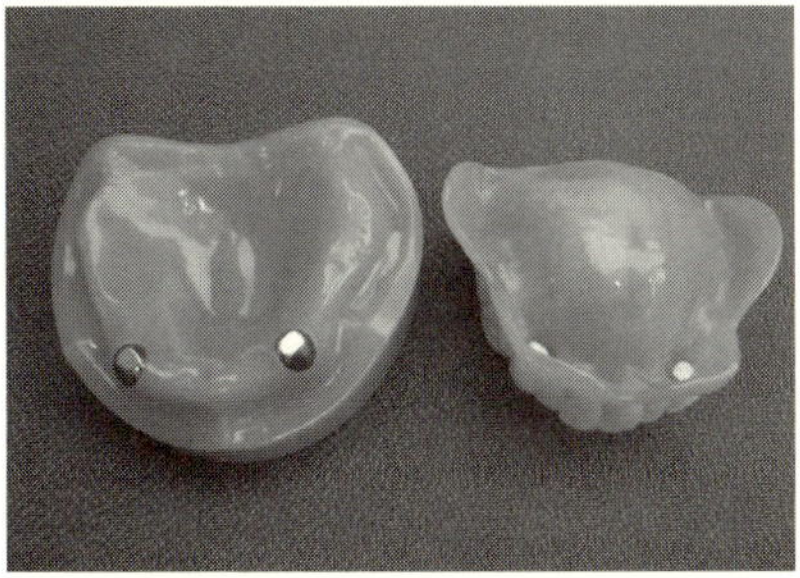

写真 28　磁石式入れ歯（みなと診療歯科　橋詰先生提供）

と、そのほか、外見が自然で金具が見えないため見た目がよく、機能性・快適性に優《すぐ》れていることなどが挙げられ、将来が期待されています。

11　磁石の種類と特徴

身近で、みなさんの目に触れる磁石（写真29、30）の多くはフェライト磁石であると思います。たいてい黒い色をしています（赤や青の色が塗《ぬ》られていることもあります）。フェライト磁石は値段が安いのが最大の特徴で（一グラム約〇・八円）、酸化物からでき上がっているため、軽く、さびにくいことも特徴です。そのために、現在、最も広く実用になっています。

アルニコ磁石はこれよりやや値段が高くなります（一グラム約五円）が、温度によって磁気特性（磁力の強さ）があまり変化しないため、おもに計測器などに使われています。アルニコ磁石には金属光沢《こうたく》があります。計測器に使われる最大の理由は、周囲の温度変化によってその計測器の測定値が変動（変化）したら困るからです。

現在、一番高特性の（強力な）磁石はネオジウム・鉄・ボロン磁石です。値段が高いです（一グラム約三十円）が、おもに、最近発達した小型の電子機器に使われ、急速に使用量が伸びてきています。しかし、すぐさびるので必ずめっき塗装が施《ほどこ》されています。

サマリウム・コバルト磁石はネオジウム・鉄・ボロン磁石より値段が高く（一グラム約四十円）、やや磁気特性も劣りますが、温度による磁気特性の変化が小さいため、おもに小型の計測器用として使われています。ややもろいので、扱いには注意が必要です。これも金属光沢《こうたく》があります。

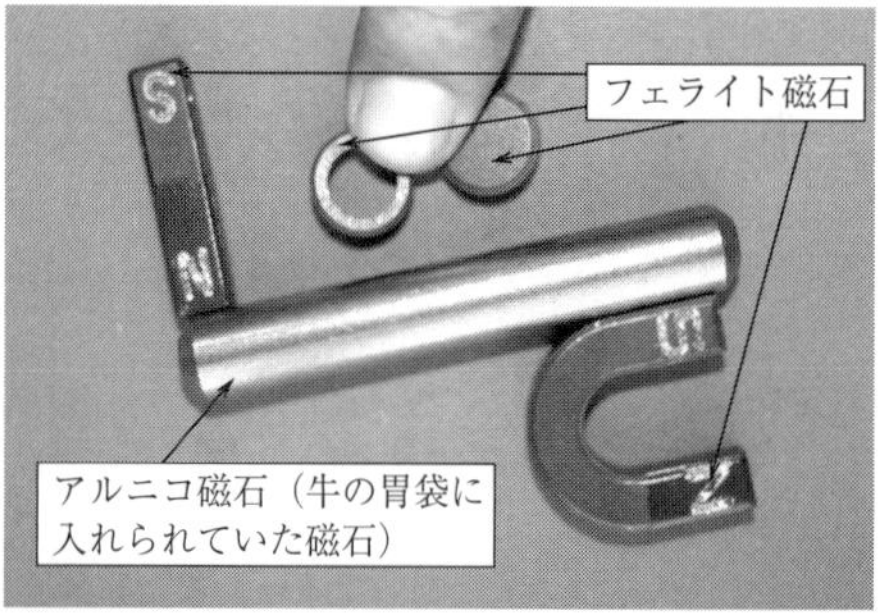

写真 29　いろいろな磁石——その 1
（四つのフェライト磁石とアルニコ磁石）

写真 30　いろいろな磁石——その 2
（市販のいろいろな磁石）

写真31の子どもが持っているアルニコ磁石は磁力が強く、手を通過してクリップを手の甲にくっつけています。

また、磁力は写真32のように水の中も通過します。このことは、直接つながっていなくても、ほかへエネルギーを伝えることができるということなのです。

写真31　手に持ったアルニコ磁石の磁力で、手の甲へクリップがくっついています。

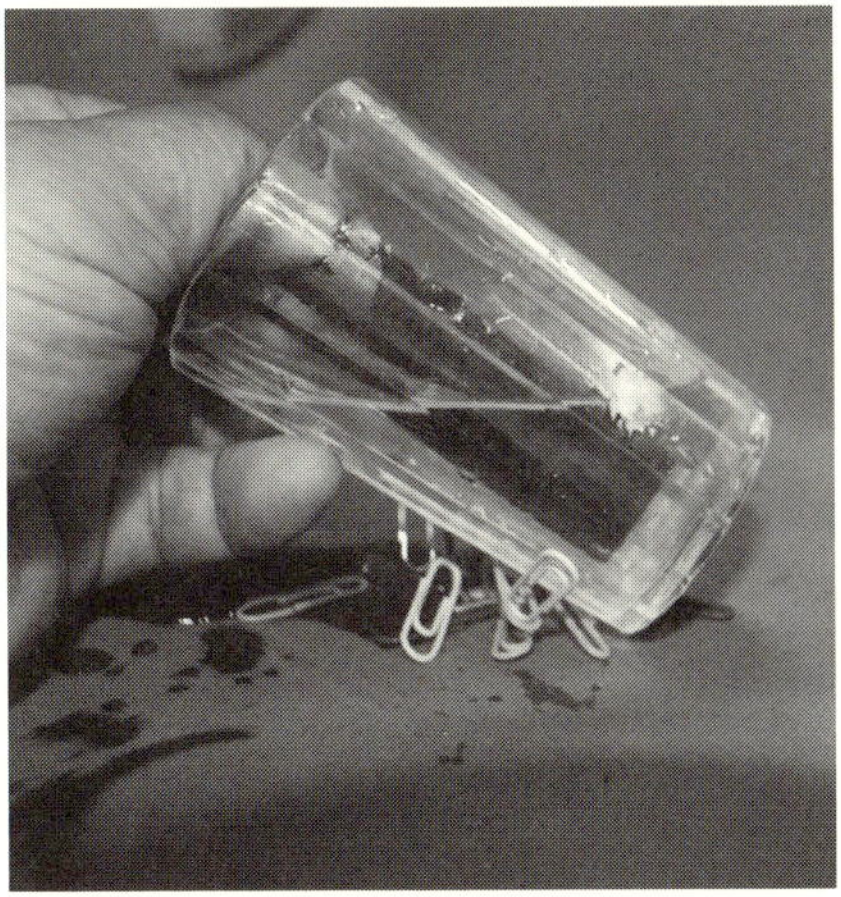

写真32　水を通す磁力（浮いているコップの中のフェライト磁石にくっつくクリップ）

12　ボンド磁石

磁石の粉末にバインダ（固めるもの）としてプラスチックなどを混合し、温《あたた》めながら成型《せいけい》して、固めた磁石がボンド磁石です。ボンド磁石はプラスチックが混合した分だけ磁力は低下しますが、割れにくく丈夫《じょうぶ》で、特殊な形や寸法精度の高いものを作ることができるという特徴があるため、たくさん使われています。そのうちのおもなものに、フェライトのゴム磁石とネオジウム・鉄・ボロンのボンド磁石があります。

ゴム磁石はフェライト磁石の粉末をゴム原料に混ぜ、温めながらロールで圧延《あつえん》*することによって作られます。フェライト磁石の粉末は不ぞろいな形をしていますので、ロールで両側から押さえられて少しずつ一方向に向きがそろい、厚さの方向にかなり異方性を持つようになります。冷蔵庫の扉《とびら》のまわりについているのがこの磁石です。薄いものは、工作用としてハサミで切ることもできます。

ネオジウム・鉄・ボロンのボンド磁石の場合は、超急冷した合金を粉砕《ふんさい》した粉末が使われます。これにナイロンなどのプラスチックを混合して、加熱しながら圧縮または射出《しゃしゅつ》＊という方法で成型します。この磁石は磁力が強く、最近、コンピュータに付属される記憶装置やプリンタのモータ用などとして、たくさん使われるようになってきています。

このほか、サマリウム・鉄・窒素磁石が、より高性能のボンド磁石として使用されるようになってきました（写真33）。

＊圧延：回転するローラの間を通して引き延ばす工法で、ローラは複数の場合が多い。また、引き延ばし後の形状は、ローラの形状によって板状や棒状などに成型することができる。

＊射出：材料を一点から噴《ふ》き出させて成型する。

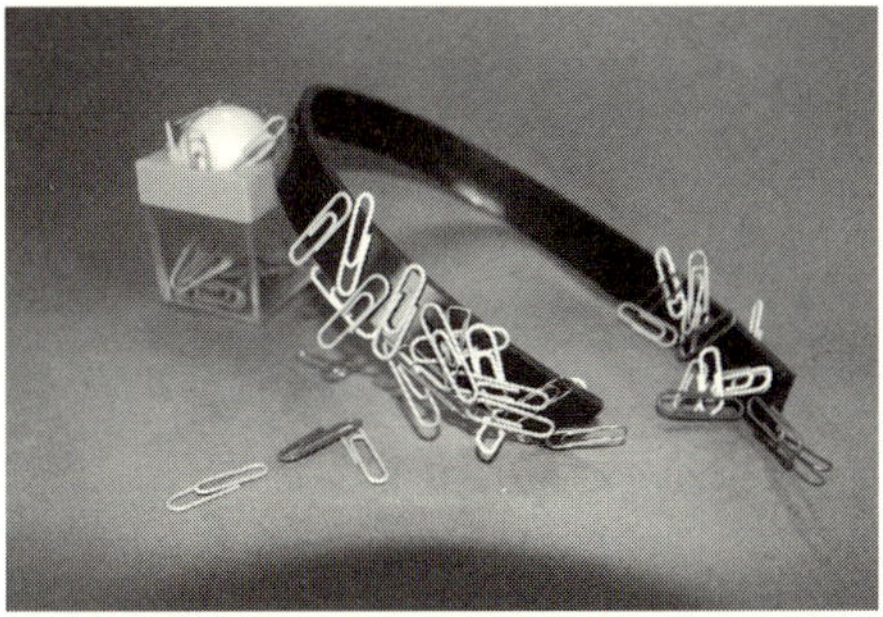

写真33　工作用に販売されているボンド磁石とクリップ

［チョッとひといき］　もう一つのやわらかい磁石、磁性流体を作ろう！

磁石の形で特徴のあるものに磁性流体があります。根気さえあれば簡単に作れるので、作ってみましょう。

1　磁石の粉末の代用として、いらなくなったビデオテープを用意します。

2　テープをパッケージ（テープを収めたケース）から取り出して、磁石の粉を吹きつけてある面（磁気ヘッドに触れる面ですから、外側の面です）を、カッターの刃先などでそぎ落とします（写真34）。黒い粉が浮き出てきます。これが磁粉体《じふんたい》です。この作業を、粉が大さじ一杯になるくらいまで続けます。カッターの先についている丸いものは磁石です。こうしておくと、そぎ落とした磁粉体がカッターにくっつき、集めるのに楽です。

3　粉を器《うつわ》に入れて、サラダ油と少しの洗剤を（分離しないように）注ぎます。これで磁性流体のでき上がりです（写真35）。

磁性流体の入った器を持ち上げて、器の下から（見やすいように）磁石を近づけてみます（写真35では磁石の上に、作った磁性流体が入った器を置きました）。どうですか、磁石を動かすと磁性流体が動きます。鉄粉で磁力線を描かせた（5章の写真15、16、20）ときより、ゆっくりです。生き物みたいに動きます。

ためしてみましょう。あくまでも、いらなくなったビデオテープで実験してくださいね。

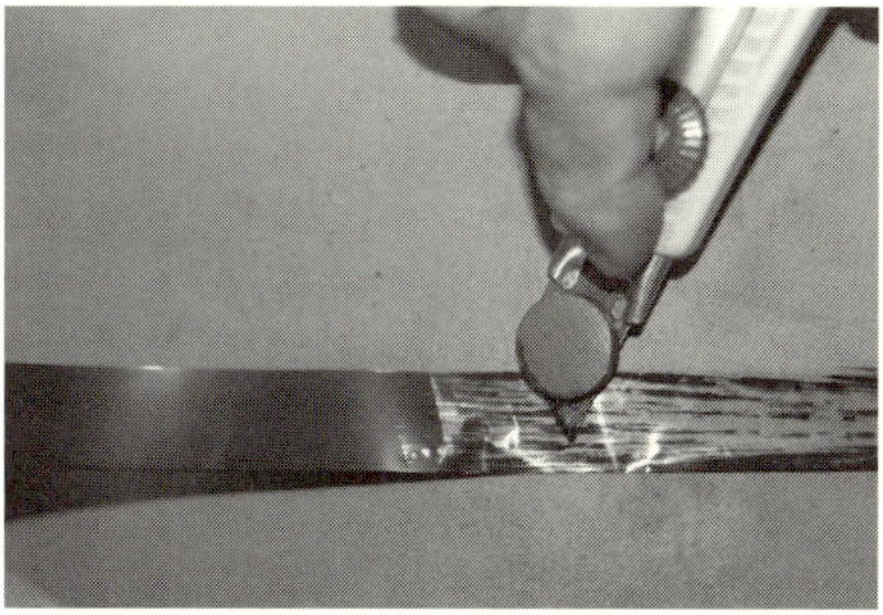

写真 34　ビデオテープの表面から磁粉体をカッターの刃先でそぎ落とす。

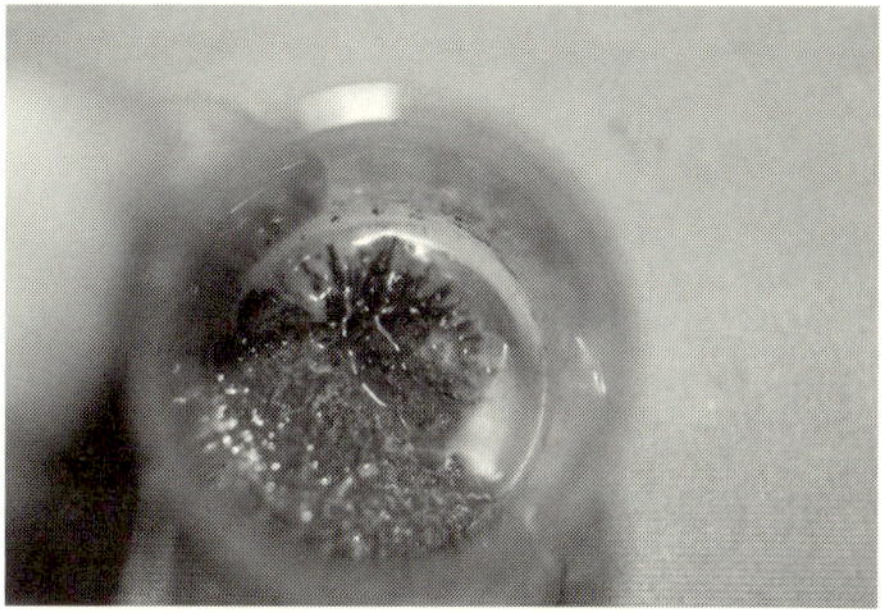

器の下に磁石が置いてある。
写真 35　でき上がった磁性流体

13 鉄を引きつける磁石

磁石に鉄のクリップを近づけるとクリップは磁極に引きつけられますが、その先にもつぎつぎとクリップをつけることができます（写真36）。

鉄は、じつは小さい磁石があちこちを向いてたくさん集まったような状態になっています。その一つずつの磁石は磁区と呼ばれ、ほぼ一ミリメートルの百分の一くらいの大きさです。また、磁区と磁区の境界は磁壁《じへき》と呼ばれています。

磁石になっていないときの鉄の磁区はそれぞれいろんな方向を向いていますが、磁石を近づけると磁界の作用によって、磁石の極と反対の極になってい

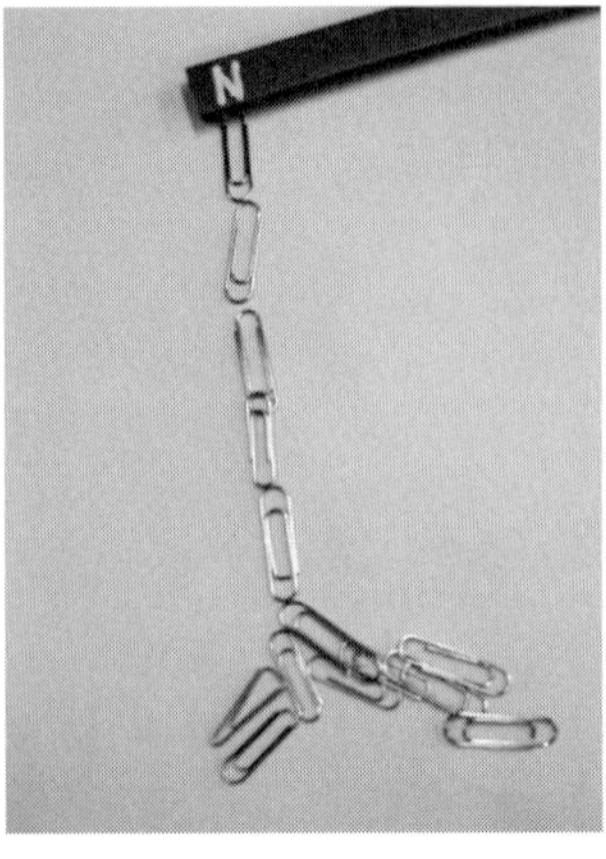

写真36 磁石につぎつぎくっつくクリップ

る磁区の面積が増えるように、少しずつ磁壁が動くのです。磁石が最も近づくと磁区の向きがほぼ一つの方向にそろって、鉄も一つの磁石になります。このようにして磁石にくっついた鉄は自分自身も磁石になるので、クリップはつぎつぎとつくようになるのです。磁石を遠ざけると、鉄はほとんど磁石ではなくなり、元の鉄にもどってしまいます。

このような磁区の模様を顕微鏡で見る方法があります。よく焼きなまし*をした鉄板の表面をきれいに研磨《けんま》（電解）します。その上に細かい鉄粉で作られている磁性流体（写真35（これは鉄粉が少し大きい））を少し滴《したた》らせ、薄いガラス板で押さえます。これを顕微鏡で見ます（写真37）。鉄板に磁石を近づけると模様が変わります。

＊焼きなまし：一度高温に焼き上げてから自然冷却して、ゆっくり冷《さ》ます。

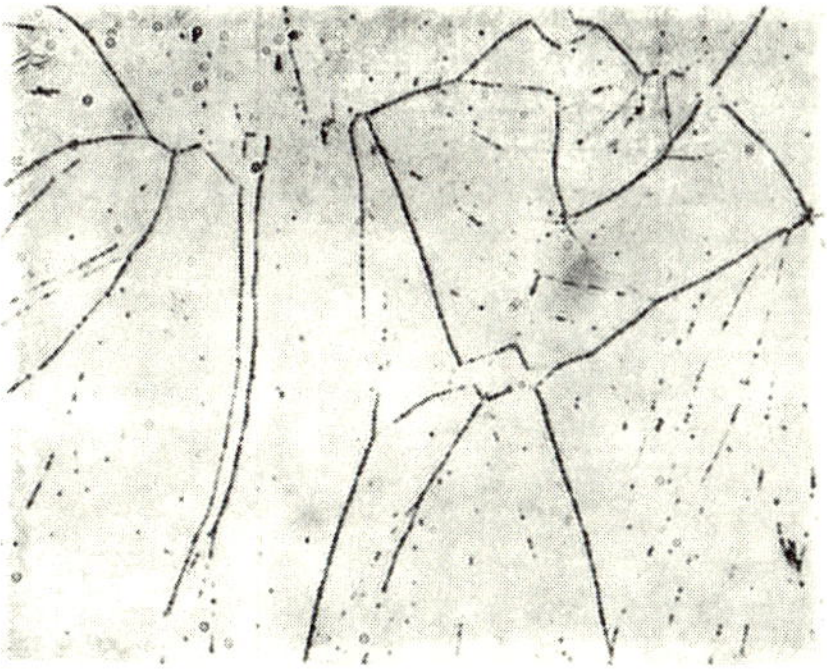

写真 37　磁区の顕微鏡写真（大同大学神保研究室提供）

14 異方性磁石（少しむずかしいかな？）

異方性《いほうせい》とは耳慣れないことばかもしれませんね。磁石の一つの特性を表すことばと思っていただければいいでしょう。写真38、39はコンクリートに埋《う》め込む鉄筋《てっきん》ですが、それぞれ横方向、縦方向だけに並んでいます。このように、ある一方向だけにそろっているという性質を異方性といいます。

磁石は磁区（13章参照）の集まりから成っています。磁石となる素材は、もともとは縦、横のどの方向でも性質が同じ（等方性、写真40の状態）なのですが、コンクリートの鉄筋と違い、磁石の強さはいろいろな方向を向いているとたがいに弱め合ってしまうのです。それを磁石化（着磁《ちゃくじ》）して素材中の磁区が一方向にそろうと、より強い磁石になります。つまり、磁石の異方性を高めるのです。

磁石を作る技術は日進月歩で進んでおり、現在実用になっている多くの磁石には、一方向に磁気

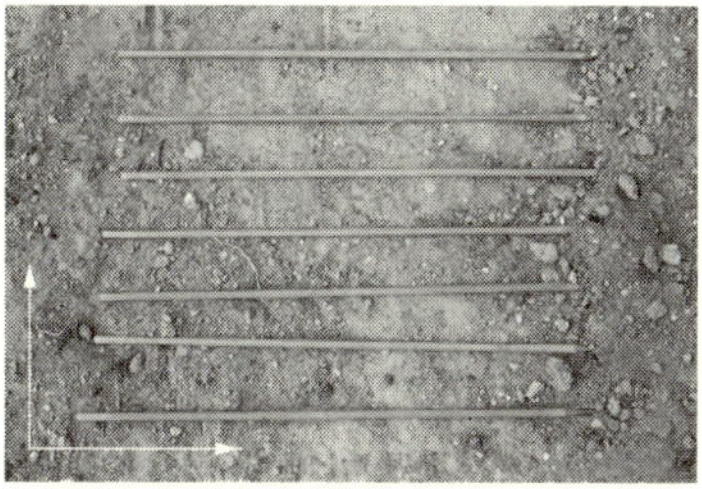

横方向に強い。

写真 38　異方性 1

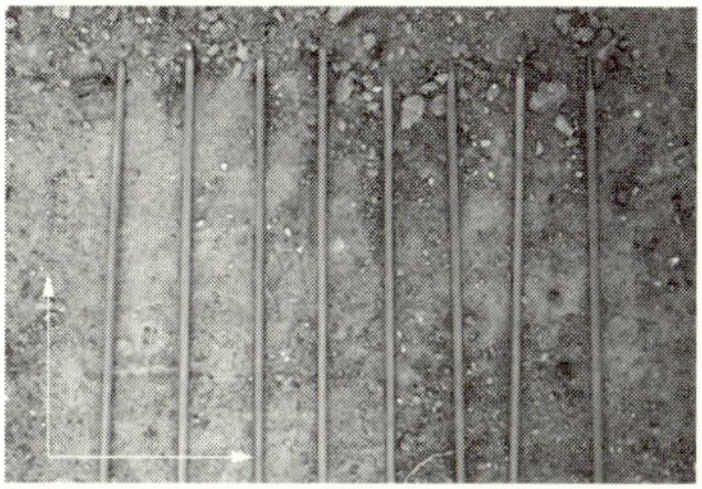

縦方向に強い。

写真 39　異方性 2

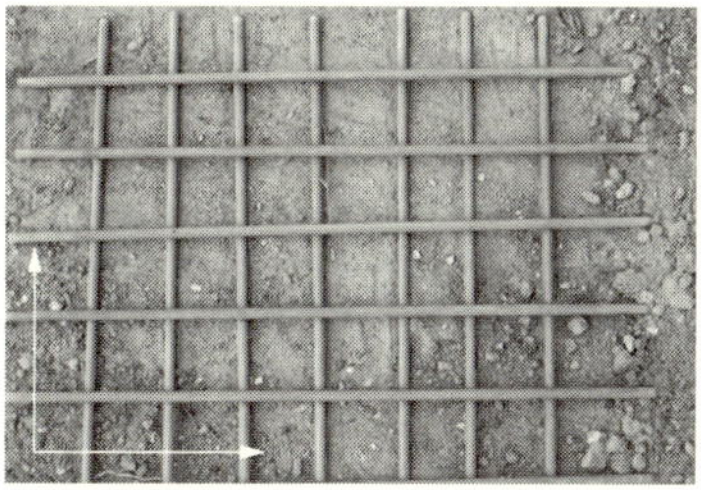

格子状に埋め込む鉄筋はどの方向にも強度を出す。全方向に強い。

写真 40　等方性

特性（磁石の強さ）を強くするという処理が施《ほどこ》されています。そのような磁石を異方性磁石といいます。

　例えばアルニコ磁石の代表的なものに、鉄、ニッケル、コバルト、アルミニウムと銅などを含む、通常アルニコ５《ファイブ》と呼ばれる種類の合金があります。この合金は作るのに、まず、成分の磁区が自由に動きやすくなる摂氏約一、二五〇度以上の高温にいったん加熱し（溶体化処理し）、強い磁界をかけながら冷却します。この処理を磁界中冷却（磁力の中で冷やす）といいます。その後、摂氏六〇〇度付近で数時間加熱して（時効処理して）製造されます。このようにしてアルニコ５

は、かけた磁界と同じ方向に磁気特性を向上させています（磁力を強くしています）。

フェライトを原料とした磁石は、多くの場合、あらかじめ焼いて作ります。水中で約百ミクロン（一メートルの一万分の一）に粉砕した粉末を、磁石の形をした金型《かながた》の中に水といっしょに送り込んで、そこに磁界をかけながら圧縮します。この処理の方法は、磁気をかけながら圧延を行うので磁界中プレスといいます。その後、摂氏約一、二五〇度で一時間程度焼き固めると（焼結《しょうけつ》すると）、かけた磁界と同じ方向に、磁力は強くなっています。

また、ほぼ同様の方法でサマリウム・コバルト磁石とネオジウム・鉄・ボロン磁石も異方性を持つようになります。

現在は素材の持つ磁力を最大限に引き出すため、このような方法によって多くの磁石が製造されています。

15　何度割っても磁石は磁石（単一磁区の説明）

磁石はたくさんの磁区から成り立っています（13章参照）。磁石になっていない鉄の磁区は、それぞれいろいろな方向を向いていて、その向きは外の磁界から影響《えいきょう》を受けて簡単に変わります。そんな鉄を磁石にするためには、外から強いエネルギー（力）を加えて、いろいろな方向を向いている磁区を一方向にそろえます。鉄が永久磁石になると、外からの力を切っても磁区の向きはそろったままなかなか元にもどらなくなります。これを着磁といいます。

それではいっそのこと、磁区と磁区の境界である磁壁

写真 41　フェライト磁石にくっつく磁気テープ（左から四分の三インチのテープ幅のVTRテープ、二分の一インチのテープ幅のVTRテープ、八分の一インチのテープ幅のオーディオ用カセットテープ）

がまったくなくなるような状態ができれば、磁区の向きのふぞろいがなくなることになりますから、強い磁石になります。このようになった領域を単一磁区と呼んでいます。

鉄でも、どんどん小さくなるとそのうちに磁壁のない単一磁区の粒子になることが知られています。それらの向きをそろえて集めて固め、着磁させることで磁石を作ることができます。

例えば、テープレコーダに使われる磁気テープは薄いプラスチック膜に単一磁区の酸化鉄粒子を塗って作ったもので、きわめて小さい磁石が並んだ状態になっています（写真41）。

磁石は単一磁区になるまで割っても割ってもN極とS極を持つ磁石になっています。

［ためしてみよう！］　磁区が整列する音を聞く

写真42の左の丸いフェライト磁石5個を、ハンマーで砕《くだ》いて右のような粉にしました（ハンマーを使うときは保護用のメガネなどをして気をつけましょう）。

その粉を写真43のようにビニールの袋に入れました。この袋にクリップを近づけてもくっつきません。

そこでつぎに、永久磁石の上でコンコンと二、三度、たたきつけるようにします（写真44）。すると、あらふしぎ、今度はクリップが争うようにくっついてきます（写真45）。

何度割っても磁石は磁石なのですが、では写真43で鉄のクリップがくっつかないのはなぜで

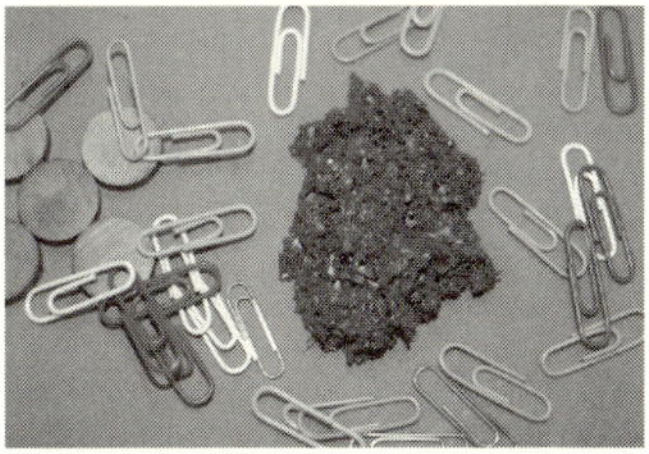

写真 42 ハンマーで砕いて粉になったフェライト磁石（クリップはくっつきません。）

写真 43 粉になったフェライト磁石を入れた袋（クリップはくっつきません。）

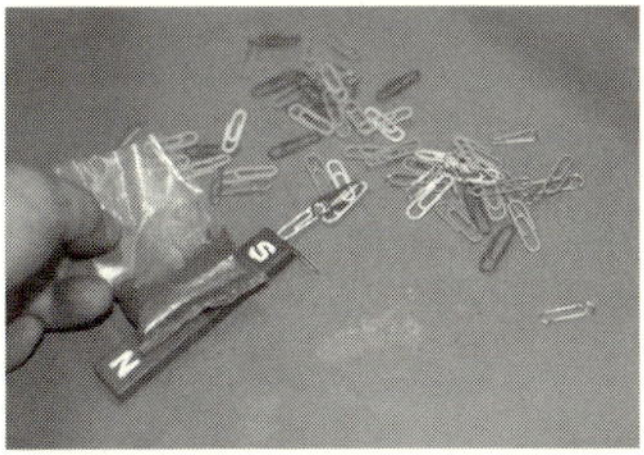

写真 44 粉になったフェライト磁石を永久磁石にたたきつける。

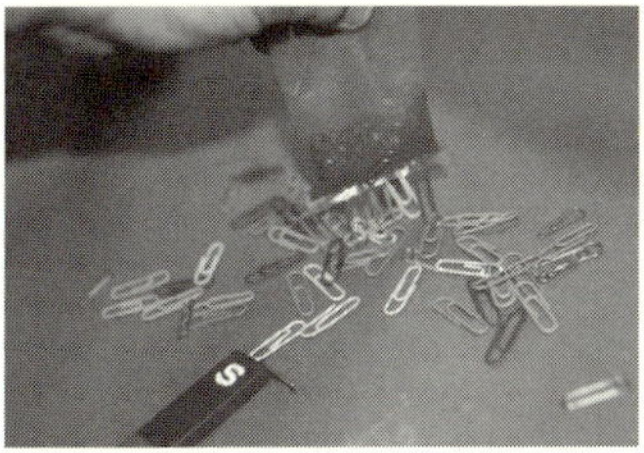

写真 45 クリップをくっつけるフェライト磁石の粉

しょう？　そして写真45のように、今度はクリップがくっつくのはなぜでしょう？

写真43から45までの状態を簡易に音で聞くことができます。

写真46のように釘《くぎ》（軟鉄）に導線を巻いてコイルを作り、ラジカセ（録音のできるもの）のマイクの入力端子につなぎます。

さて、このコイルに永久磁石を近づけると、ラジカセのスピーカから「ジジジ…」と音がします（写真47）。この音は、勝手気ままになっていた釘の磁区が、近づけられた磁石によって整列させられている磁気変化（電磁誘導）に対応しています。磁区がきちんと整列し終わると釘は磁石になり、他の鉄がくっつくようになります。そして音はもうしなくなります。

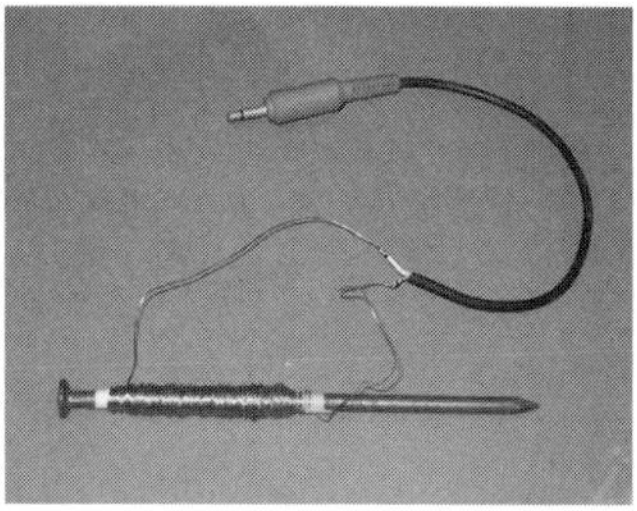

写真46　釘（軟鉄）に巻いた導線（コイル）

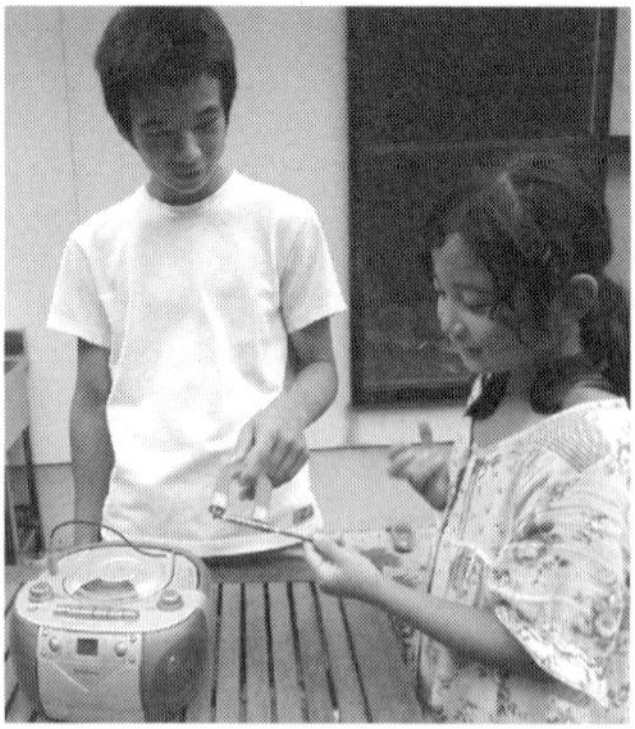

写真47　釘の磁区が整列する音を聞く

16　磁石に鉄片をつけると吸引力が増加する！

磁石は磁区の集まりから成り立っていますから、内部では小さい磁石のS極とN極とが連《つら》なって並んでいることになります。その結果として両端に磁極が現れています。

しかし、そうなると両端にあるS極とN極の磁極による磁界はそれぞれ自分で内部にある小さい磁石を弱くするように働いてしまいます。これは「磁石における反磁界*」と呼ばれています。

磁石の長さを長くして磁極の間隔《かんかく》を長くすることで反磁界の影響を小さくすることができます。具体的に磁石鋼の場合などでは、第一の方法として細長い針のようにしたり、写真48のようにUの字の形（馬蹄形《ばていけい》、写真49）にしたりします。

第二の方法は、磁石の端に鉄片をつけることです。フェライト磁石などのように偏平《へんぺい》になった磁石では、磁極のところに鉄片を取りつけると磁極は鉄片のほうに移るので、結果的に磁極の間隔が長くなり、反磁界が小さくなって、吸引力が増加するようになります。

フェライト磁石に鉄カップをつける磁石ホルダがあります（写真50）。この場合には写真のように、取りつけた鉄のキャップが裏側の磁極を磁石の接着面まで導くようになるので、さらに吸引力が増加します。

＊反磁界：磁化された磁性体が磁性体の内部に磁界を作ることで、外部に漏《も》れる磁束と同じようにN極からS極へもどります。すべての磁石に共通の性質です。

写真 48　馬蹄形磁石

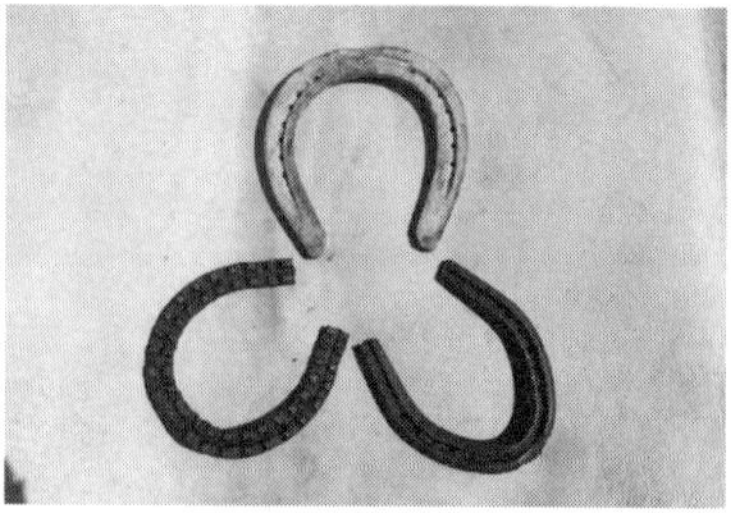
写真 49　馬蹄形磁石の名のもとになった馬蹄の保護具（使用されたもの）

写真 50　ホルダをつけた磁石

17 エルステッドの実験

デンマークのコペンハーゲン大学にエルステッド*という教授がいました。あるとき、電池に導線をつないで実験をしていたところ、たまたま近くに方位計があって、それが動くことに気がつきました。大発見です。一八二〇年のことでした。

細長い磁石を上からつるして南北方向に向けておきます。その下に、平行に（つまり南北方向に）導線を置き、抵抗体を通して電池をつなぎ、電流を流してみます。抵抗体を調節して電流の大きさを大きくしていくと、それにしたがって磁石の先がしだいに東西方向に回っていきます（写真51）。電流の向きを変えると、磁石の回る向きも反対に変わります。この現象は、その後しばらくの間、電流の強さを測る方法として利用されました。

このエルステッドによる電流の磁気作用の実験結果は、まもなくフランスに伝えられます。そして一週間後アンペアは、電流が平行に流れる二本の導線で、たがいに同じ向きのときは反発し（写真52）、違う向きのときは吸引し合う（写真53）ことを発見しました。そのほかにもアンペアは、これらの電気と磁気の現象についてくわしい理論を作りました。

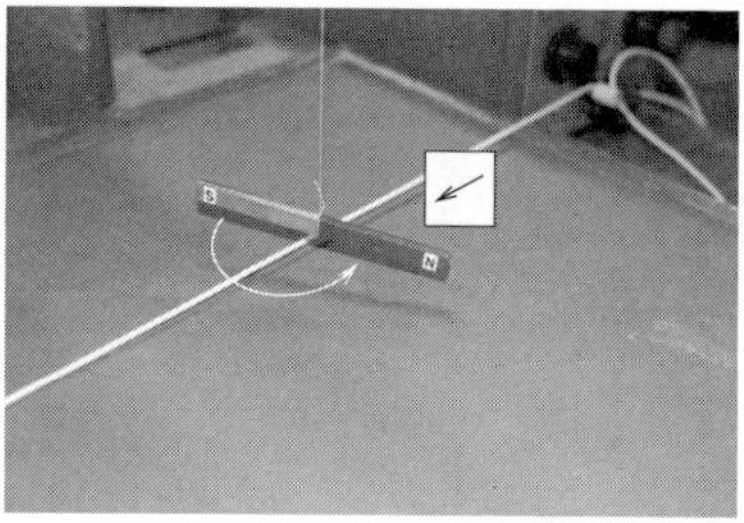

写真 51　導線の上に置いた磁石が動く（右上にあるのは電池の代わりに使用した直流電源）。

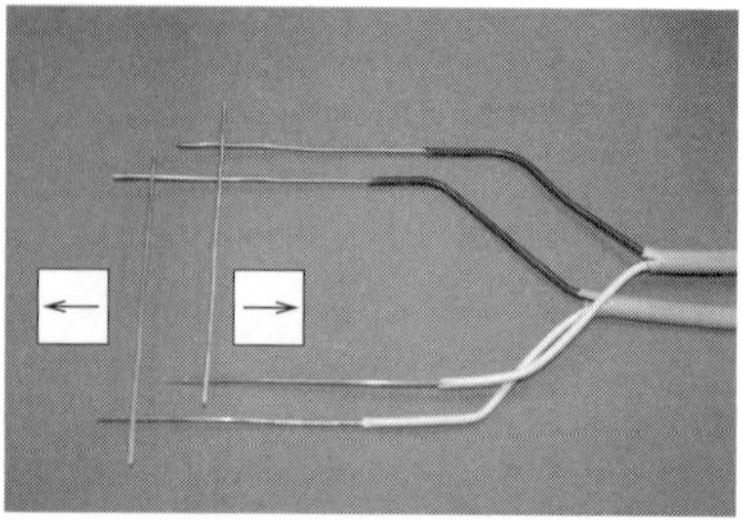

写真 52　電流の向きは同じである（反発する）。

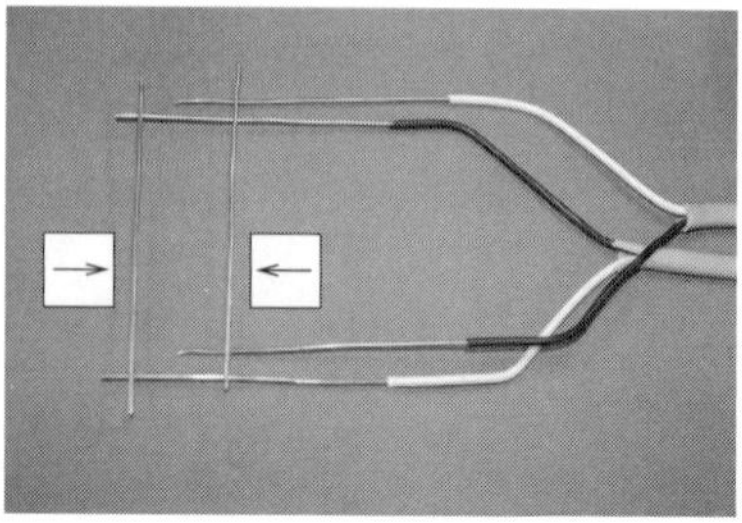

写真 53　電流の向きは違う（吸引する、くっつく）。

18　ファラデーの電動機

ファラデー*は、教授がエルステッドの実験について話をしているとき、ふと思いつき、図6のような実験装置を作っておもしろい実験をしました。

写真54はその実験装置を再現したものです。水銀*を満たした容器の中に円柱状の磁石が立っています。上から導線がつるされ、水銀につかっています。ここに下のほうから電流を通すと、導線が円柱状磁石の磁極のまわりを回転するというのです。

この着想は、後《のち》にファラデーのモータと呼ばれるすばらしい着想でしたが、このときファラデーは教授に叱《しか》られて、実験をすぐにやめてしまったそうです。なぜ叱られたのかわかりません。しかしその後、ファラデーは公開実験で多くの人に見せましたが、そのときは電動機としての認識がなく、また、これを動力として使用する考えには至《いた》らなかったようです。

電気のエネルギーが機械的な力を生み出したわけですが、歴史的なこの一瞬を見逃《のが》さなければ、

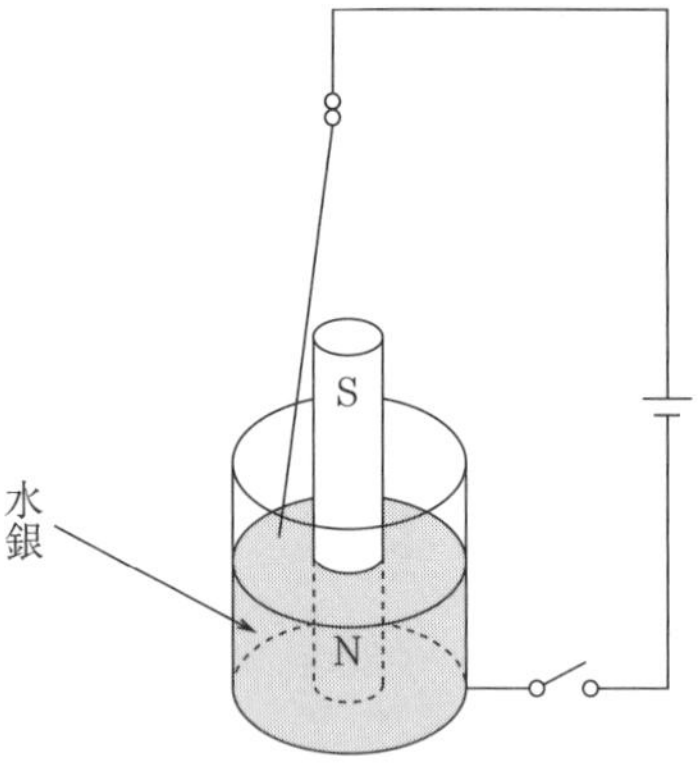

図 6　ファラデーの実験装置

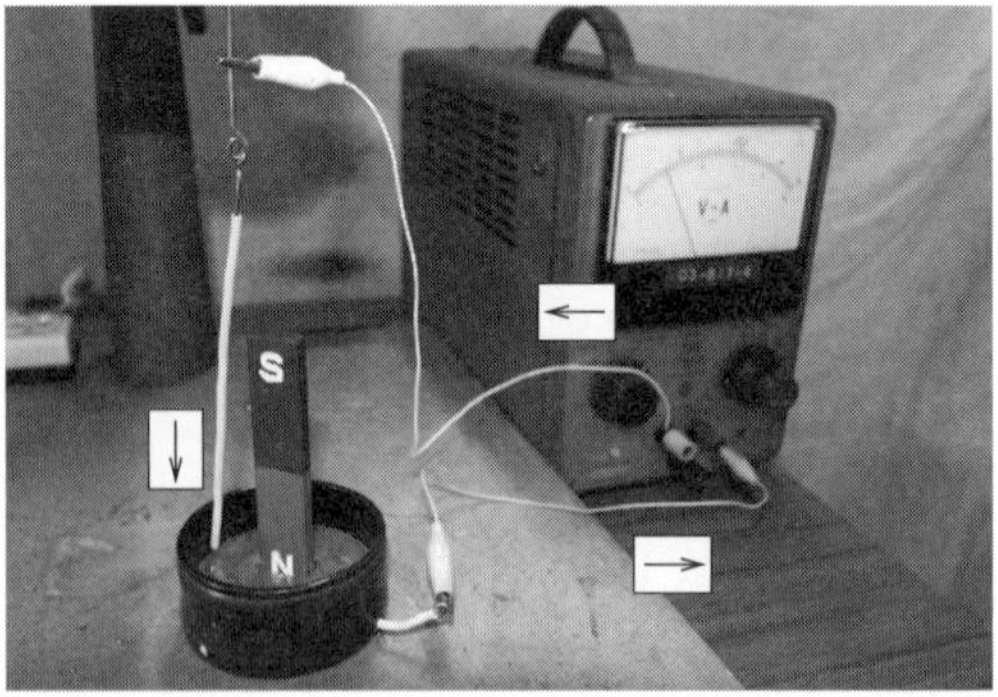

写真 54　こんな簡単な実験装置です。右側の装置は電池の代わりに使用した直流電源（家庭の電気である交流を、電池の電流である直流に変える装置）です（実験の磁石は、つるした導線が引っかからないように円柱状のものがよいです）。

もっと早く電動機が発明されていたかもしれませんね。今日の電気万能ともいえる社会実現への瞬間でしたが、だれもその重要性に気づかなかったのは残念です。

　この実験は現在では電動機の原形として伝えられていますが、水銀を使わないで実験ができたらおもしろいと思います。例えば、水銀の代わりに過飽和《かほうわ》食塩水を使ってみてはどうでしょうか。

　この実験を通して物を見る価値観が時代によって変わることがわかりますが、先見の必要性と重要性も同時に感じます。この実験のように、その時代の価値観によってつぶされてしまった研究は結構多いものです。みなさんが今思っているアイデアはもしかしたら、その価値観に気づかない時代を先駆《さきが》ける研究のアイデアかもしれませんよ。

＊水銀：常温では液体です。金属なので比重が摂氏二〇度で約十三・五、つまり重さが水の十三・五倍もある重たい物質です。電気を通します。人体に有害ですから、取り扱いには十分な注意が必要です。

19　アラゴの円板（誘導電動機の原理）

フランスのアラゴ*もエルステッドの新しい発見に刺激を受けて、磁石を使ったいろいろな実験をしました。そして一八二四年、細長い磁石をつるしておき、その下で銅の円板を回転させると、磁石が円板に追随《ついずい》して回転するようになることを発見しました。

この現象はアラゴの円板と呼ばれています。当時、磁石に吸引されない銅の円板に磁石が影響《えいきょう》を受けて回転する理由がわかりませんでした。後になり、磁石の磁界による影響を受けて、円板内に渦《うず》電流*が流れ、その電流の磁気作用によって磁界が発生し、磁石との間に吸引作用を及《およ》ぼしていることが知られるようになりました（写真55では、逆に磁石のほうを回してそれに円板を追随させています）。

このように磁石の近くで銅の円板を回転させると磁石との間に吸引作用が生じるので、円板には回転を妨《さまた》げるような力が働きます。同じ物質なのに静止しているときは吸引しないで（無視していて）、運動を始めると、とたんに邪魔するようにくっついてくるような現象は磁石の力ですが、なんともおもしろい磁石の魔力（？）ですね。

写真56の積算電力計は、この磁石の魔力を利用して電気量を測定する装置です。積算電力計は電力量計ともいい、電気の使用量に応じて料金を支払うために各家庭には必ず取りつけてあります。見やすい場所に取りつけてありますから、自宅のものをのぞいてみてください。円板を電気の使用

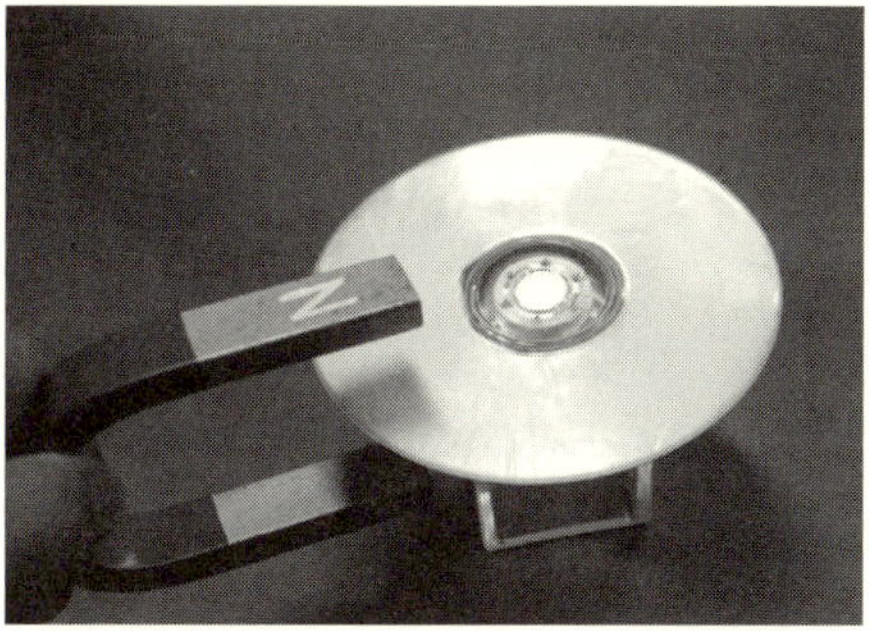

写真55　アルミニウム円板をはさむ永久磁石。永久磁石を回すとアルミニウムの円板も回る。

写真56　積算電力計（アルミの円板と誘導コイル、制動用の永久磁石が見える）

量に見合って回転させ、直結したカウンタで目視《もくし》できる数字に変換《へんかん》しています。この円板には駆動《くどう》コイル（電気の使用時に電流が流れる）のほかに、回転する円板をはさむようにして磁石が取りつけられています。この円板はアルミニウム製ですが、電気が使われているときにだけ円板が回り、電気を使用していないときには円板が回らないように制動する働きをしています。この制動がなかったら、電気を切っても4分や5分は回り続けるでしょうから、電気代を余分に払うことになってしまいますね。

＊渦電流：金属板（この場合はアルミニウム）を磁界の中で動かしたり、金属板の近くの磁界を急激に移動した（動かした）ときに発生する電磁誘導（20章参照）で、磁石に対して渦状に発生します。これが誘導モータの原理であり、現在広く使われている誘導電動機（写真57）の基本原理です。写真55で原理を説明します。手に持った永久磁石を回すと円板に渦電流が発生し、円板も回ります。永久磁石の代わりにコイルを巻いて電気的に磁界を回すと、アルミ板は回ります。この場合、アルミ板を回転子といい、コイル

写真 57　三相誘導電動機

を固定子といいます。モータは回転子と固定子とそれを設置するハウジング（外枠《そとわく》）でできています。一般的に電気製品は複雑と思われていますが、このモータはなんと簡単なことでしょう！

［チョッとひといき］　渦電流ってなんだろう？

写真58を見てください。楽しそうにスキーをしていますね。ところで、スキーに欠かせないのがストックですが、よく見ると二人はストックを持っていません。先ほど・こ・ろ・んで折ってし

写真58　楽しいスキー

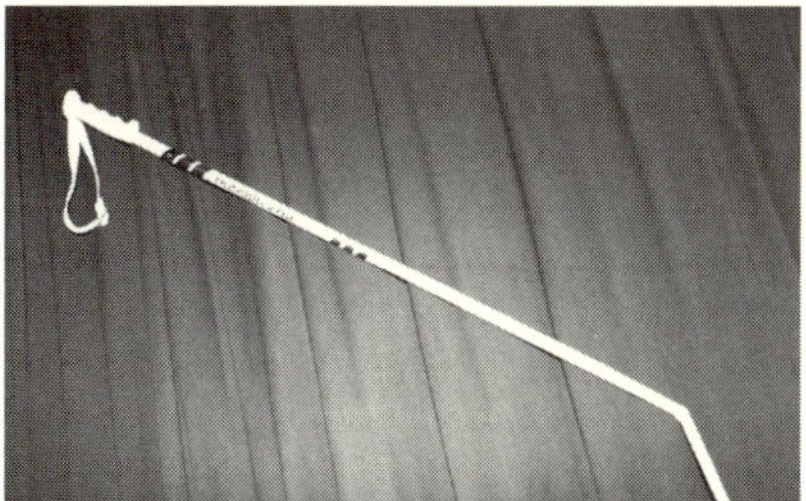

写真59　折れてしまったストック

まったのです。そこで、この折れてしまったストック（写真59）を使ってちょっと実験をしてみましょう。

このスキーのストックはアルミニウムのパイプでできています。当然、磁石にはくっつきません。実験には、中が見える透明のアクリルのパイプも用意します。そして折れたストックを、このアクリルのパイプと同じ長さにそろえて切ってしまいます。

さて、ここからが実験です。写真60のように、同じ棒磁石を二つのパイプの中に同時に落としてみましょう。このとき、空《あ》き缶《かん》の上にそれぞれのパイプを立てておくと、棒磁石が下に落ちた瞬間を音で知らせてくれます。

どちらが先に下へ落ちてくるでしょうか？　これがもしも鉄のパイプだったらすぐにわかり

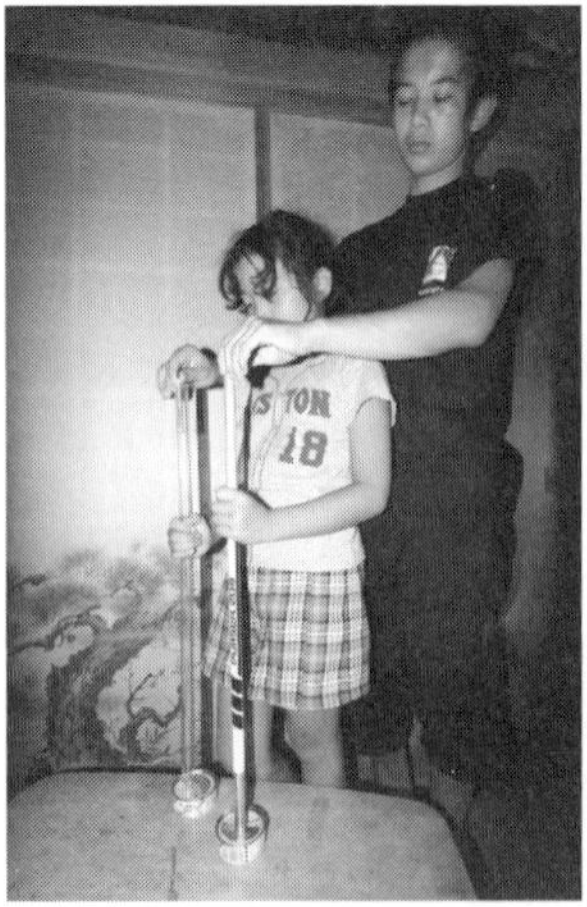

写真 60　棒磁石を落とす実験

ます。「パイプに棒磁石がくっついて落ちてこない」が正解です。しかし、今回は磁石にくっつかないアルミニウムとアクリルのパイプです。「両方ともくっつかないから、棒磁石は同時に落ちてくる！」が正解でしょうか？　この答えがわかった人は「アラゴの円板」が理解できた人です。

（注）パイプを立てるのはそれぞれの落下条件を同じにするためです。落下していくときの様子をわかりやすくするためには、パイプを斜めにして落下速度を遅くします。厳密《げんみつ》にいえば、アルミニウムとアクリルでは磁石との摩擦係数が異なるため、それぞれのパイプを同じ角度に傾け、同じ物をころがしても、落下速度が違ってきます（つまり、落下条件が異なります）。しかし、その違いは小さく、実質的には摩擦係数の違いが落下速度に影響するほどの要因にはなりません。また、アクリルパイプは、ホームセンターで三百円くらいで手に入ります。アルミニウムのパイプは、使い古したほうきの柄《え》などアルミニウムを使っているものを利用するとよいです。

20　ファラデーの電磁誘導

導線を巻いたコイルに磁石を入れたり出したりすると、そのたびに電流が流れます（写真61）。コイルに電流計を接続しておくと、その様子を見ることができます。ただし、磁石がコイルに入るときと出るときでは電流の向きが反対になります。また、コイルの中に鉄棒を入れておき、その鉄棒に磁石を近づけたり離《はな》したりしても、同様に電流計の振れを見ることができます。これは鉄棒を通して磁石が入ったり出たりしたのと同様な現象になるためです。

この現象は電磁誘導《でんじゆうどう》と呼ばれ、一八三一年、ファラデーによって発見されました。ファラデーは電流の磁気作用とは逆に、磁気から電気が作れるのではないかと思いついたのです。すばらしい着想です。これは現在の発電機の基本原理となっています。

ファラデーは別の電磁誘導の実験も行っています。円形の鉄片に二本の導線を左右に分けて巻きつけ、二つのコイルを作ります。そのコイルの一方に電池とスイッチをつなぎます。スイッチがないときは、写真62のように、電池に直接くっつけたり離したりします。

このスイッチを入れたり切ったりすると、そのたびに、もう一方のコイルにつないだ電流計の針が振れます。これは、スイッチを入れたり切ったりすると、電池をつないだほうのコイルが電磁石（8章参照）になったり元にもどったりして、もう一方のコイルの中に磁石が入ったり出たりした

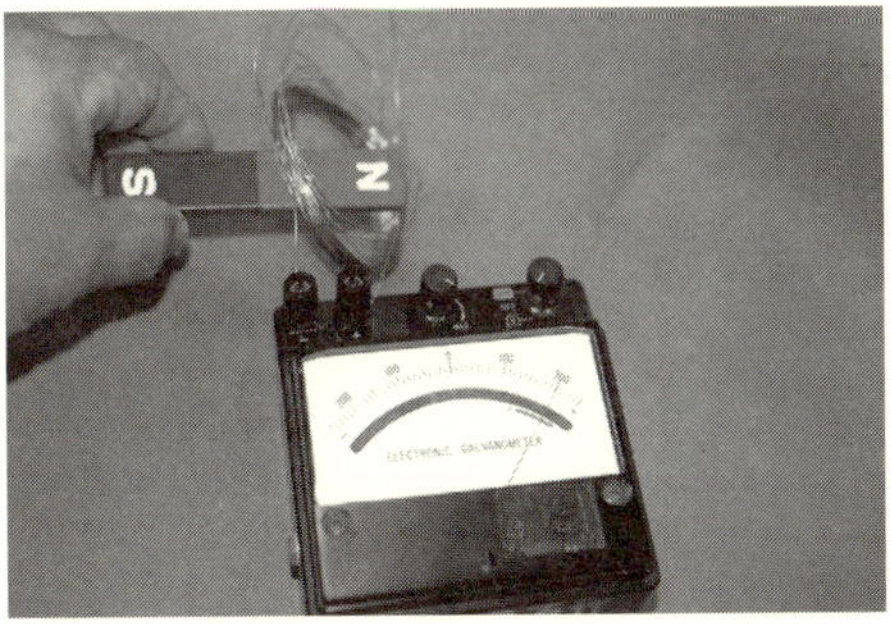

写真 61　巻いたコイルに磁石を出し入れすると検流計（微小な電流を検出する計器）の針が振れます。

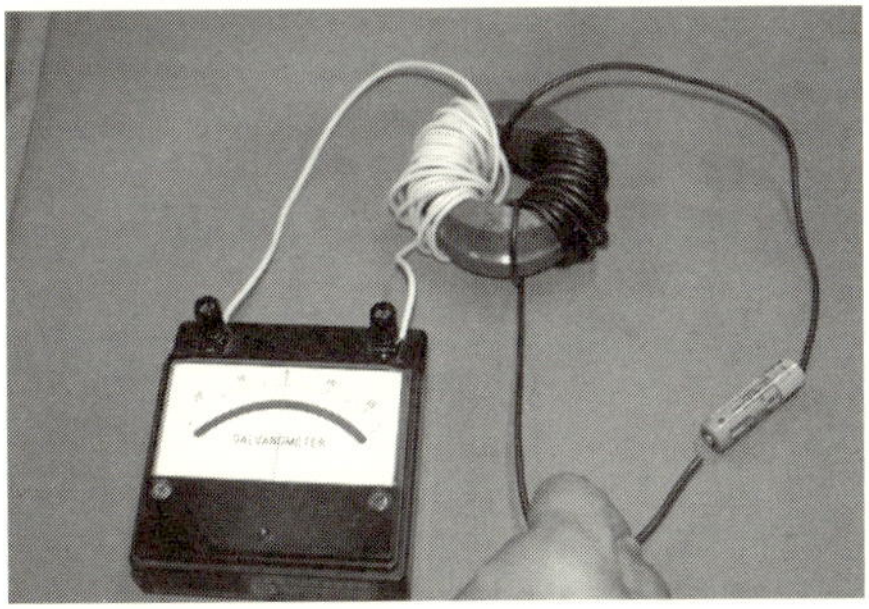

写真 62　円形の鉄に二つのコイルを巻いて、一方のコイルに電池をつなぐともう一方のコイルに電気が誘導され、瞬間に電流計が振れます。

のと同じことになり、先にお話しした電磁誘導が起こって電流が流れたのです。

この実験にはさらに続きがあります。電流計の代わりに交流電圧計をつなぐのです。そして電池の代わりに交流電源をつなぐとそのコイルの巻数と交流電圧計につなぐ側のコイルの巻数の比率に応じて流れる電流の電圧が変わるのです。みなさんが街角《まちかど》の電柱の上で見る変圧器（トランス）の基本原理です。

なお、ファラデーが実験をしていた頃はまだ電流計がありませんでしたから、ファラデーはエルステッドの実験（17章を参照）を応用して電流の測定をしていました。

以上のことを整理すると

① コイルのスイッチを開閉する瞬間のみ電流は流れる。

② スイッチが閉じるときと開くときでは電流は逆に流れる。

③ 二本のコイルの巻数比を変えると、流れる電流の電圧も変わる。

となります。

ファラデーはこのほかにも数々の偉大な科学上の業績を残しています。調べてみるとおもしろいですよ。

21 電流に及ぼす磁界の作用

磁石は、磁石と磁石の間に磁界を作ります。その磁界の中を通るようにまっすぐな導線を置き、電流を流します。そうすると、導線は磁界の向きと直角方向に力を受けて動きます。写真63では、磁界中に導線を糸でつるして電流を流しています（写真64は電流を流していないとき）。

この動くときの磁界と電流と力の方向について、一八八五年、イギリスのフレミング*が左手の指を使って、働きを示す方法を提案しました。これはフレミングの左手の法則（写真65）と呼ばれています。親指と中指と人差し指をそれぞれ直角に開いたとき、中指の方向が「電《でん》」、人差し指の方向が「磁《じ》」、親指の方向が「力《りょく》」（電《でん》・磁《じ》・力《りょく》）というように覚えるとよいでしょう。

ところで、導線に電流を流す代わりに、導線を磁界の中で動かすと、今度はそこに電流が流れます。ファラデーの電磁誘導の応用です。その方向は、導線に電流を流し運動を得たのと逆に、運動から電流を得るのでその向きが逆になります。これは右手の三本の指を前と同じように開いたとき、中指の方向が「電《でん》」、人差し指の方向が「磁《じ》」、親指の方向が「運動《うんどう》」（電《でん》・磁《じ》・動《どう》）というように覚えるとよいでしょう。

フレミングの左手の法則と右手の法則を、表2にまとめます。

写真 63　電流が流れているとき

写真 64　電流が流れていないとき

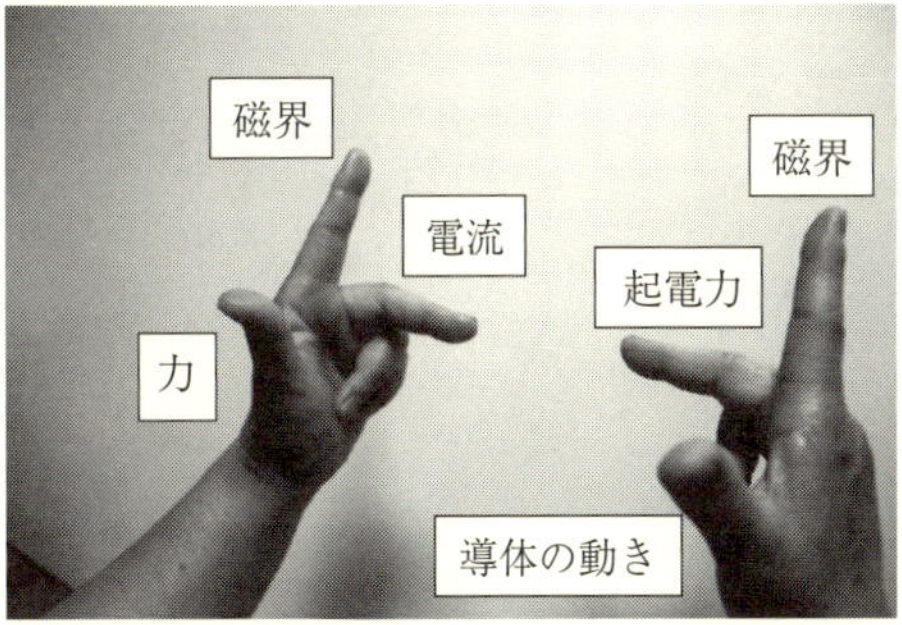

写真 65　フレミングの左手の法則と右手の法則

表 2　フレミングの左手の法則と右手の法則

	左手の法則	右手の法則
中　指	電流の流れる向き	起電力の向き
人差し指	磁界の向き	磁界の向き
親　指	力の働く向き	導体の動く向き

22　電子体温計のリードスイッチ

薬がコンビニやドラッグストアで手軽に買える時代になって、常備薬の箱を置く家庭は少なくなってきたようです。でも、体温計は各家庭に一つはあるのではないでしょうか。それも水銀体温計ではなく、ディジタルの電子体温計ではないでしょうか。水銀体温計は読みにくい上に落としたら割れてしまうので、取り扱いに気をつけなければなりません。一方、電子体温計は手軽に扱えて、ディジタル表示で簡単に体温が読めます。ただ、水銀体温計と異なり、電子体温計には電源としてボタン電池が入っています。

写真66はケースに入っている電子体温計、写真67はケースから取り出したところです。ケースから取り出すと、電子体温計は数秒で体温表示の窓に数字を表示します。写真66を見ると、ケースに入っているときはこの表示窓に数字は表示されていませんね。つまり、体温計の電源スイッチが切れていることを表しています。ですから、ケースの窓はスイッチの確認窓になっているといってい

いでしょう。

じつはケースの中に磁石が入れてあり、ケースに体温計を収めると、体温計のスイッチを切って体温計の電池の無駄な消耗を抑えるようになっているのです。

磁石には、鉄などを近づけると近づいてきた相手を磁石にするという性質がありましたね（13章参照）。このケースには、その性質を利用したスイッチが活躍しています。そのスイッチは、リー

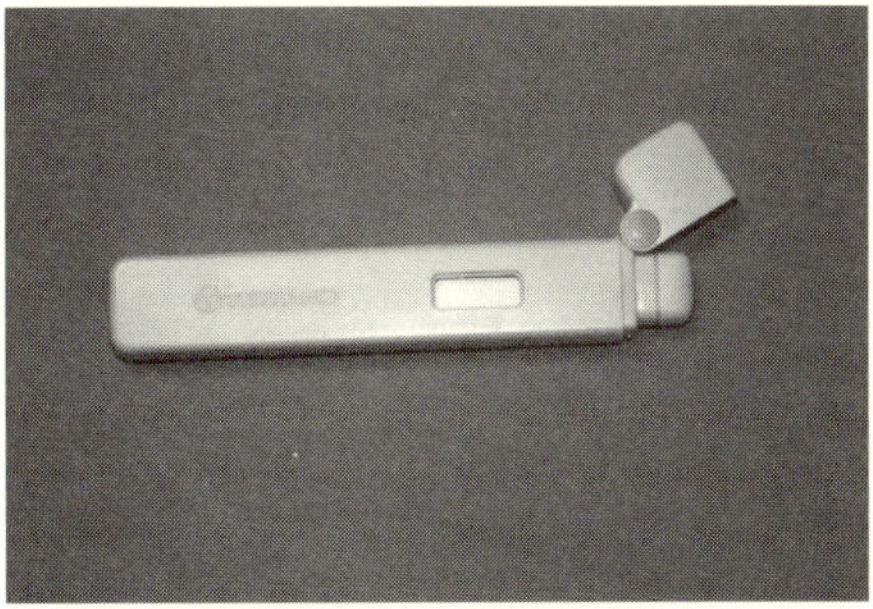

写真 66　ケースに入った体温計

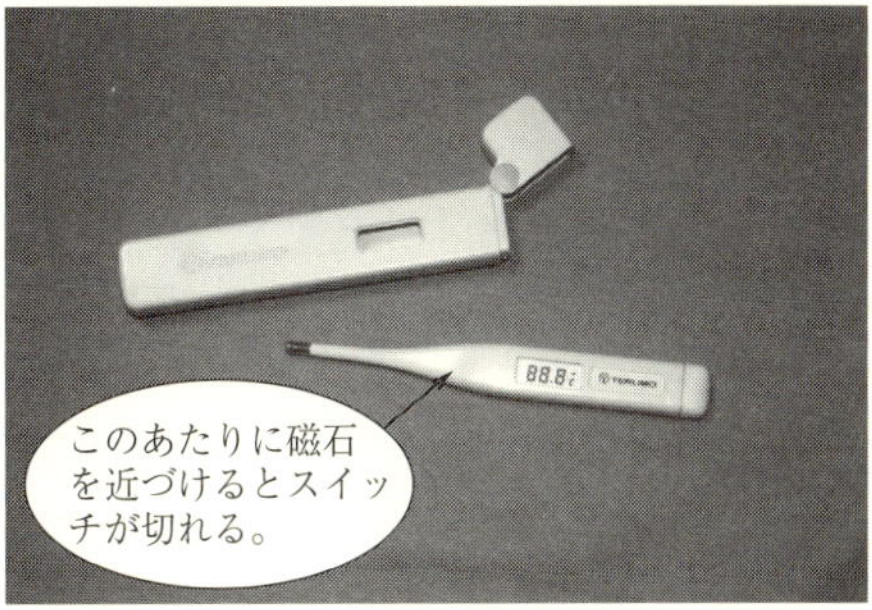
このあたりに磁石
を近づけるとスイッ
チが切れる。

写真 67　ケースから出した体温計

ドスイッチ（写真68）といって磁石を近づけると磁石に反応して（同極になって）回路が切れる（OFFになる）ものと、磁石を近づけて回路が入る（ONになる）ものと二種類あります。写真66、67の電子体温計には、スイッチが切れるものが施してあるのです。

自宅にある体温計はどうですか。一度、磁石を近づけてためしてみてください。

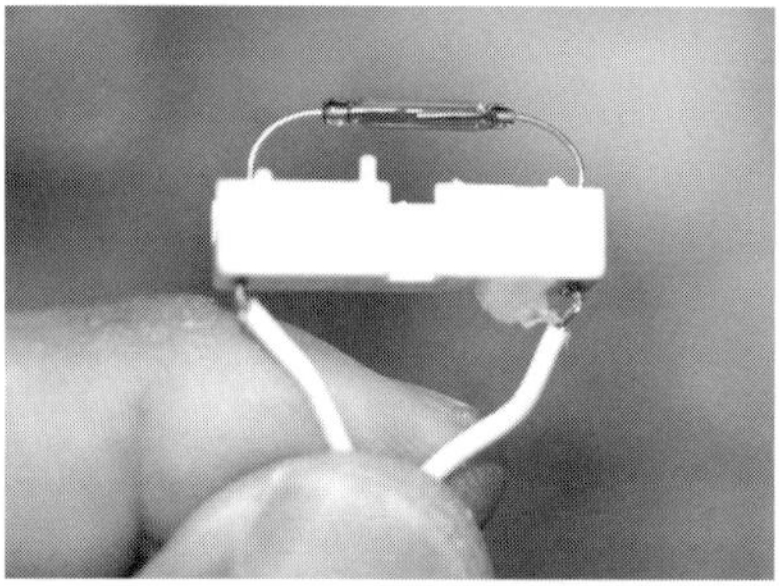

写真68　リードスイッチ

23 サーマルリレー

電気こたつなどの温度制御には、バイメタルを使うのが一般的でした。バイメタルは、熱に対して膨張率《ぼうちょうりつ》が異なる二種の金属をはり合わせたものです。温度が高くなると、膨張率の高い金属が膨張率の低い金属のほうへ湾曲《わんきょく》し、そり返るようになっています。これを電気の接点に用いると、温度が高くなると自動的に電気の接点が離れ、ある一定の温度よりも上がらないように温度制御されるようになります。しかし近年は、磁石の熱に対する性質を利用したものが出回ってきました。

磁石を利用したものは、可動部が少なく構造が簡単であることが利点として挙げられます。また、温度に対しての制御《せいぎょ》点の変動が小さいという特徴があります。電子ジャーやパネルヒータなどの過熱に対する温度監視などに広く使われるようになってきました。

図7にその原理図を示しますが、これは22章でお話しした体温計のリードスイッチの応用ともいえる使い方です。感温フェライトと呼ばれる物質は比較的低温の摂氏二三〇度で磁性が消える性質

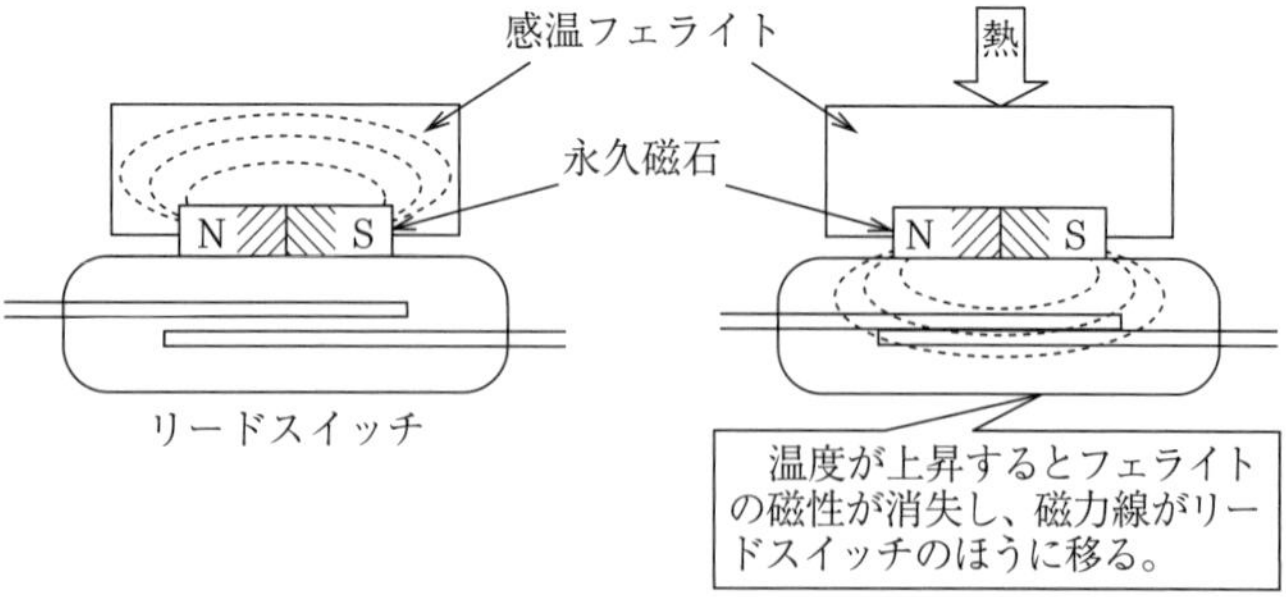

（a） キュリー温度以上のとき

（b） キュリー温度以下のとき

図 7 感温リードスイッチの原理図（リードスイッチは軟磁性金属*でできています。）

があります（この温度をキュリー温度といいます）。磁性が消えると磁石にくっつかなくなるので、それまで形成していた磁気回路（磁力の通り道）が変化します。その結果、図7（b）の原理図に示すリードスイッチを通る磁気回路ができ上がります。リードスイッチが磁気を感知すると、電源のスイッチが入ることになります。

これを制御回路に使えば、スイッチのON／OFFは思いのままになります。通常、温度が高くなったときスイッチが切れるように働くものもありますが、原理が簡単なほうで説明しました。

このような温度に対して反応する電気接点を、サーマルリレーと呼んでいます。

＊軟磁性金属：磁性材料には硬磁性材料と軟磁性材料の二つのタイプがあります。外部磁界を加えると磁化され、その磁界を取り去っても磁力が残る（永久磁石になる）ものを硬磁性材料といいます。一般的なスチールやハードフェライトなどがあります。また、外部磁界を加えると一時的に磁化されるのですが、その磁界を取り去ったら磁力は残らないものを軟磁性材料といいます。軟鉄や珪素《けいそ》鋼《こう》（透磁率が大きく、磁気ヒステリシスが小さい物質）などです。

24　発電機

ファラデーが電磁誘導の現象（20章を参照）を発見してから、世界中で多くの人たちが発電機を作る研究をしました。しかし実用化されたのは四十年近くもたってからのことで、ドイツのジーメンスが初めのようです。

磁石を使った発電機は電力会社の発電所で使われている大型のもの（写真69）から、比較的小型の家庭用の風力発電機、また、現在、最も身近に防災グッズのラジオライト（写真70）や自転車に使われている人力の発電機（写真71）まで発電原理は同じです。

こわれた自転車があったら、発電ランプをはずして分解してみましょう。車輪の内側に押しつけることによって回転する軸に、フェライト磁石が取りつけられています。

発電は一対《いっつい》（二極）でもいいのですが、小型の発電機を分解して調べてみると、四極になっていることが多いと思います。磁石の外側には鉄心に巻かれたコイルが四つあります。磁石が回転すると、電磁誘導によってこのコイルに電流が流れ、発電されるようになっています。磁石は八極のこともあります。そのときにはコイルも八極になっています。このように小さな発電機は、極数が多いほうが一回転における電圧が安定するので四極や八極にします。

写真 69 大型の水力発電機（旧八百津発電所資料館蔵）

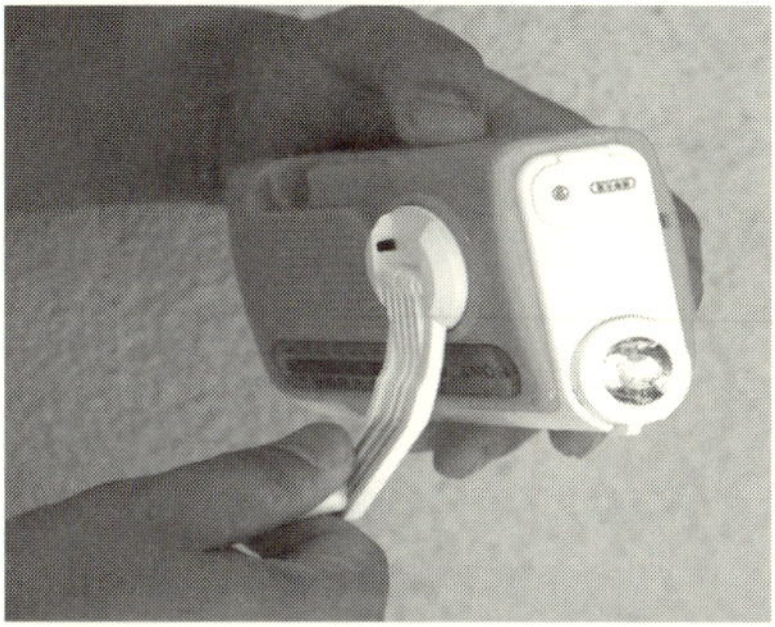

写真 70 防災グッズの手回しラジオライト

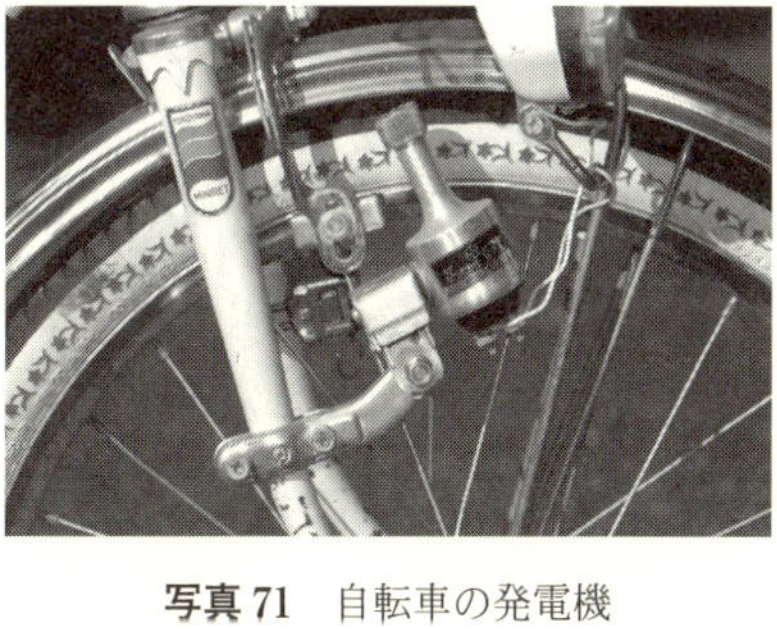

写真 71 自転車の発電機

［コラム］　磁石は電気（電力）の生みの親

電気（電力）の生みの親は磁石です。生活になくてはならないエネルギーの電力は、磁石によって生まれるのです。電力は化学反応でも生まれます。人類が初めて作った電気エネルギーは、まさに化学電池から取り出されました。また、電力は物理反応でも生まれます。電卓や街《がい》路《ろ》の時計に使われている太陽電池がそれです（写真72、73）。

しかし、国内消費の全発電量における割合としては、磁石を利用した発電機による電力生産

写真 72　太陽電池と風力発電を使った公園の夜間照明

写真 73　太陽電池を使った電卓

が圧倒的に多いのです。風力発電も水力発電も、火力発電も、また原子力発電も、それぞれのエネルギーを回転運動に変えて発電機（写真74）に伝え、電気エネルギーを生むのですから、磁石こそ、電力の生みの母です。電力を生まれた子どもに例《たと》えるならば、運動（磁場の移動）という父の存在を忘れてはいけません。磁石（母）だけでは電力（子ども）は生まれません（写真75）。

写真 74　1912 年に日立製作所で初めて製作された発電機（岐阜県多治見市教育委員会蔵）

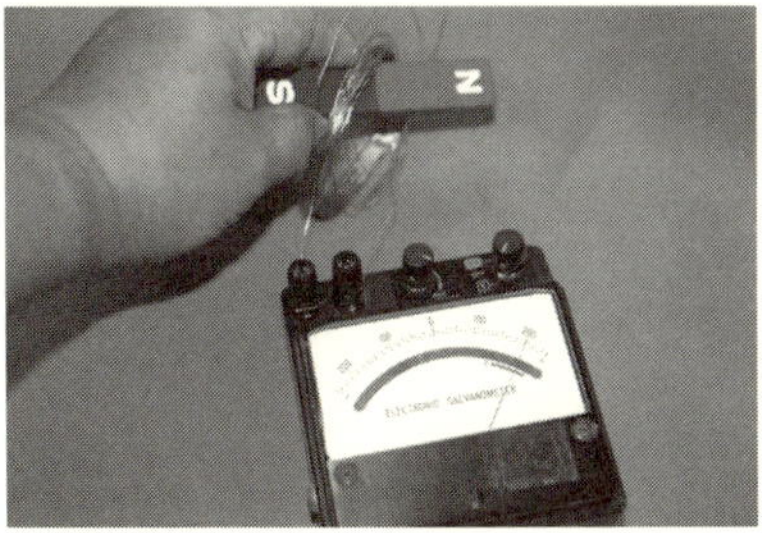

写真 75　コイルの中の磁石を出し入れすると検流計の針が左右に振れる。

25　電動機（モータ）

フランスで初めて万国博覧会が開かれたときのこと、ある会社が二台の発電機を出品することになりました。そのとき一台の発電機を回したところ、もう一台の発電機が突然回り出しました。担当者がうっかり線のつなぎ方をまちがえ、発電機どうしが接続されていたのでした。これが電動機の始まりです。この失敗から、電動機は原理的に発電機とさかさまの構成でできるのだということがわかったのです。現在、この現象をそのまま生かしたシステムがあります。揚水《ようすい》式発電所は、電力消費量の多い昼間、ダムの水で発電し、夜間にその水を元のダムへポンプで汲《く》み上げて翌日の発電に備えます。このとき、ポンプの動力となるモータは、昼間使用した発電機を共用します。29章に出てくるスピーカとマイク（89ページを参照）のときと同じですね。

このうち、磁石を使った電動機は構造が簡単で、小型にすることができ、消費する電気量も少なくてすむことから自動車の部品やおもちゃ用として、たくさん使われています。

電動機を分解してみましょう（写真76）。A・aのモータで、Aは二個のフェライト磁石がそれぞれ反対向きの磁極になるように固定されています。一個で円筒のようになっている場合は内側が二極になっていますから、虫ピンを近づけて調べてみてください。これらの固定された磁石を固定子といいます。

一方、電動機の回転する部分を回転子といいます。写真76のaの回転子は鉄板を重ね合わせ、それにコイルが巻かれたものです。つまりこの場合、回転子は電磁石なのです。回転子のコイルの端は三つの整流器につながれ、そこにブラシを使って電池から電流を流します。電流が流れると回転子は磁力を発生し、固定子の磁石との間に吸引作用が起き、回転子が回転します（B・b、C・cのモータは回転子が磁石になっています）。固定子の磁石が二極であるのに回転子が三極となっているのは、このほうが回転しやすくなるためです。自動車用では回転子が十二極になっているものもあります。近年ではコンピュータの冷却モータ（写真76のB・b）のように小型の直流モータで整流子（ブラシ）を持たないものができ、多くを占《し》めるようになりました。

写真 76　A・a、B・b、C・cは、それぞれ大文字が固定子、小文字が回転子を示す一対のモータです（bの羽根は一枚欠いてあります）。

26　太陽熱モータ（熱磁気エンジン）

摂氏九五〇度以上の高温度になるとほとんどの磁性体が磁性を消失しますが、鉄・ニッケル合金で三十数パーセントのニッケルを含有する整磁合金は摂氏一〇〇度付近という低い温度で磁性が消失するという性質があります。

回転子にこの整磁合金の磁石を使った安全灰皿（図8(a)）があります。この整磁合金の磁石を円筒にくしの歯のように貼《は》りつけ、たばこの火が近づくと貼りつけた整磁合金が磁性を失い、その横の磁石の吸引力に負けて一節分だけ回転します。そのとき、のせてあるたばこを灰皿の上に進ませます。回転はたばこに火がついている間、一節ずつ進みますから、火がついたまま放置されてもたばこが灰皿の外に落ちることはなく、安全というわけです。

図8(b)の原理図で馬蹄形磁石のN極とS極の長さが違うのは、回転をスムーズにさせるためです。また、aとa′の力は吸引力、bとb′の力は反発力です。矢印の長さは力の大きさに比例してい

ません。

さて原理は図8に示すとおりですが、たばこの代わりに太陽熱を利用したら、太陽熱モータ（太陽熱で回るモータ、熱磁気エンジン）にならないでしょうか。回転子に貼りつける磁石の熱容量の

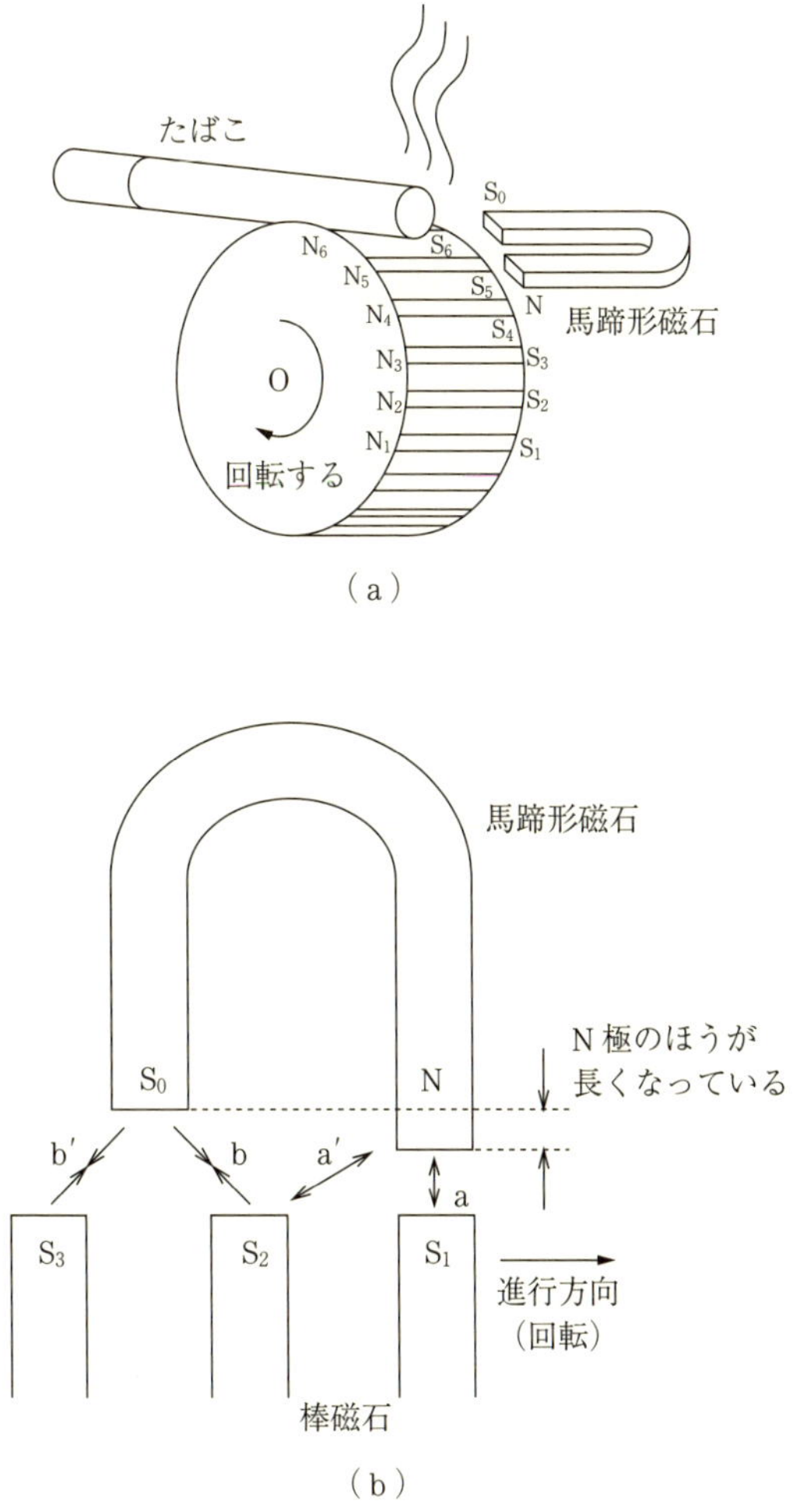

図8 安全灰皿の原理

大小で回転速度が変化しますから、太陽熱（直達日射量）などの計測記録には案外《あんがい》使えるかもしれません。現在、太陽熱の計測では太陽電池を使ったものが主流ですが、提案したものは構造が簡単です。しかも電池の経年変化（時間的な劣化《れっか》）に比較して、磁石の経年変化のほうがはるかに小さいですから、このモータのほうが有利です。また、自然エネルギーでも高温域の回収利用は進んでいますが、摂氏一〇〇度くらいの低温域エネルギーの回収は困難とされていますから、低温域の自然エネルギー回収という視点で見てもおもしろいと思います。原理図ではS_1に太陽の光が当たるように調整します。

（注）ソーラモータという商品名の商品がありますが、本文では太陽熱モータ（熱磁気エンジン）としました。ソーラモータは基本的にこの太陽熱モータと動作原理が違います。

27 時計とステッピングモータ

現在使われている時計はほとんどクォーツ（水晶）時計になりました。これは、水晶の固有振動を利用した水晶発振素子が、周囲の温度変化にも影響を受けず正確に振動するという性質を使って電流を制御することにより、一秒ごとに正確に針を動かすことができるようになったためです。この針を動かすために、ステッピングモータ（写真77、78）というモータが使われています。

ステッピングモータは通常のモータとは違い、信号の電流に応じて、ステップを踏むように一定の角度ずつ回転するというモータです。一九〇七年にアメリカで発明されました。原理は図9のようになっています。

磁石の磁極は鉄心の端《はし》とのすきまが最もせまくなるところで止まっています。この鉄心に巻かれたコイルに、一定時間ごとに、交互に正負の電流を流します。鉄心は電流が流れるたびに電磁石となり、その磁極が磁石のNとSの磁極に働き、磁石は吸引と反発の作用を受けて原理図（図9）では百八十度ずつ回転します。これによって、ステッピングモータは電流の正負の数にしたがって回転することになります。実物は写真78のように回転角度は違います。

ステッピングモータがたくさん使われている装置にコンピュータのハードディスクの回転機構があります。磁石はおもにネオジウム・鉄・ボロンのボンド磁石で、きわめて多極に分極され、それによって細かく制御された回転運動をしています。

写真 77　ステッピングモータの外形

写真 78　歯車状の回転子が見えるように分解したステッピングモータ

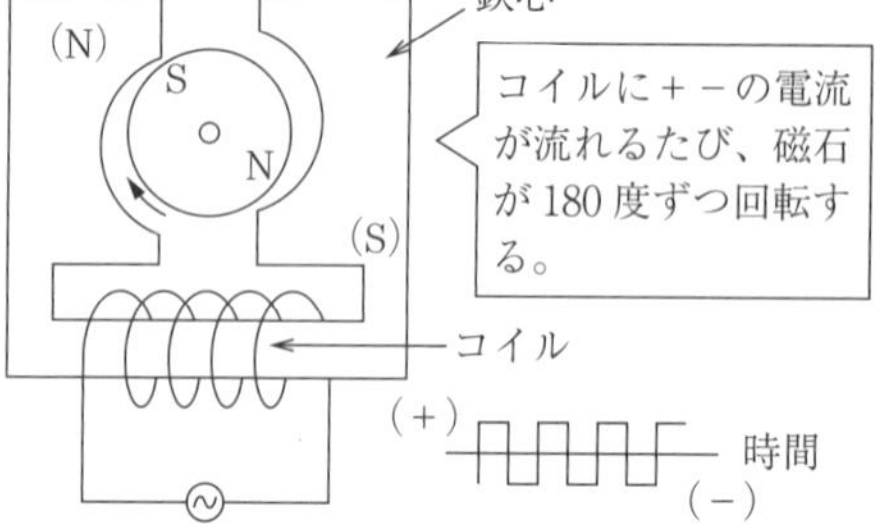

図 9　ステッピングモータの原理

28　磁石式振り子

昔、柱時計に振り子が使われていました。

振り子は支点からおもりまでの長さが同じなら、往復運動を同じ時間で繰り返します。この振り子の原理は、一六八二年、イタリアのピサ大学の学生であった十八才のガリレオが、寺院の天井からつるされていたランプが揺《ゆ》れるのを見て発見した、という有名な話があります。柱時計はこの振り子の原理を利用しています。

柱時計の振り子がある点を通過すると、歯車のストッパがそのときだけ外《はず》れてゼンマイの力で歯車が少し回ります。このようにして柱時計は一定の角度だけ歯車を回し、針を動かすことで時間を表示しています。

一時期、振り子に磁石を使った時計（写真79）がありました。振り子につけた磁石が左と右に振れ、磁石がコイルに近づいてコイルに電圧が誘導されるたびに、トランジスタがその変化をキャッ

写真 79　磁石式振り子時計
電池は、振り子を揺《ゆ》するため図10の原理に基づいて供給されます。ゼンマイの力を電池に代えただけの電気時計で、振り子の要素が時を刻む正確性を左右します。

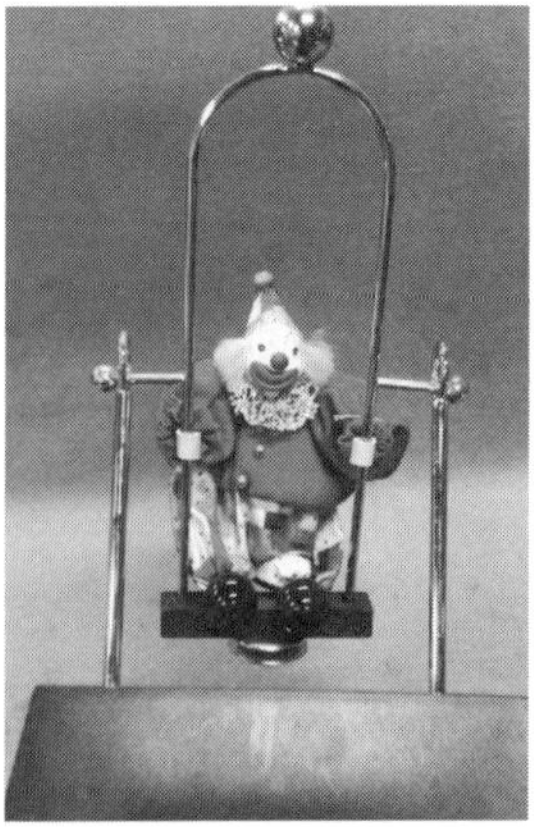

写真 80　ブランコ人形

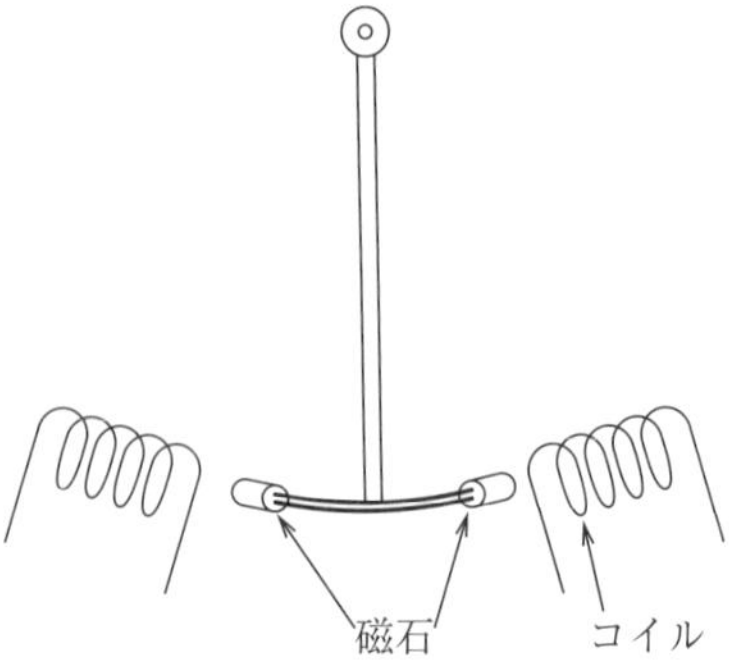

図 10　振り子時計の原理図

チして、ただちに電池からコイルに電流を流して磁石を吸引します。この周期をもとに時計の針を動かしていました（図10）。

振り子は一度振らすと、同じ時間で続けて往復運動します。しかし、近年のクォーツによる単振動をもとにする時計ほど正確ではないので、今では時計に用いられることはほとんどなくなり、ブランコ人形のような癒《いや》し系の玩具に使われているのを見かけるくらいになりました（写真80）。

店先などで、今でも、振り子の柱時計を見かけることがあります。しかし、この振り子は時計の針の動きとは関係なく動いていています（写真81）。ほとんどの時計が振り子を飾《かざ》りとして使っているようです。振り子に虫ピンを近づけてみてください。どこかに磁石のあることがわかると思います。

このように写真79と写真81の二つの時計はまったく異なった動力供給の方式で動いていています。

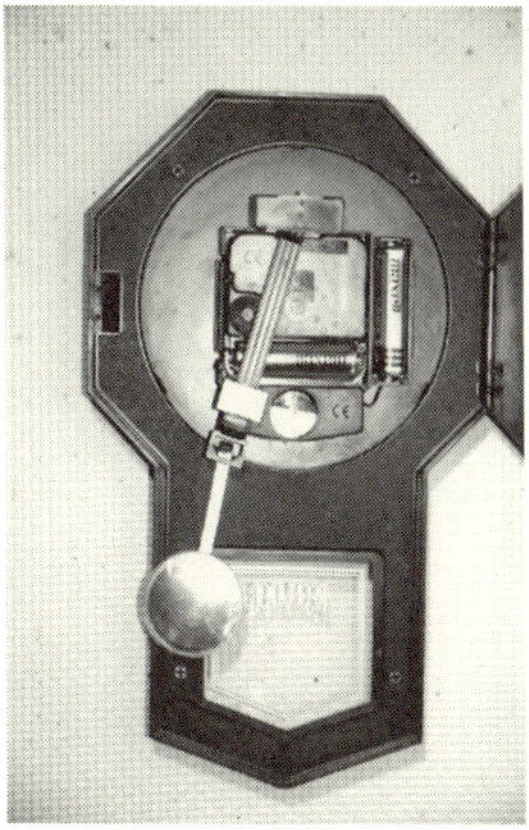

写真81　電子時計の裏ぶたを開《あ》けたところです。振り子の途中についている白の四角いところが永久磁石、欠けた半丸の白色はコイルカバーです。欠けた部分からコイルがのぞいています。縦、横、二本の電池が設置され、縦の電池からの電力は振り子を揺するためだけに供給されます。

横に設置された電池で時計は振り子に無関係に動きます。しかし、この時計では振り子に使う電池の消耗のほうが激しく使用期間は短いと説明書にあります。本末転倒という感じがしますが、いかがでしょう？

29 スピーカ

毎日のように利用するのがラジオやテレビです。そして、これらの電気回路の電気信号を私たちに聞こえる音声や音楽にして音を出しているのがスピーカ（写真82）です。スピーカが研究されたのは一九一四年頃からですが、現在の動電型と呼ばれる形になったのは一九二五年のことで、アメリカのウェスターンエレクトリック社で開発されました。

こわれたラジオがあったら、取り外してスピーカを調べてみましょう（必ず電池を抜《ぬ》くか、電源コンセントを抜いてからにしてください）。スピーカで音を出すところは、通常、コーン紙という丈夫な紙でできています。コーン紙の中央部の底の下側に、細い銅線で円形に巻いたコイルがあります。これをボイスコイルと呼んでいます（図11）。このコイルは磁石と継鉄《けいてつ》とで作られる放射状の磁界の中に置かれています。そして、コイルにラジオからの音声や音楽による電気信号の電流が流れると、「電流による磁気作用」によってコイルが動き、コーン紙を振動させるような仕組みになっています（フレミングの左手の法則を思い出してください）。なお、磁石と継鉄のつなぎ方には、使用する磁石によって内磁型と外磁型の二通りがあります。

また、このスピーカに向かって話しかけると、コーン紙の振動が電気信号となって出力されます（今度はフレミングの右手の法則です）。電気と磁石の世界はおもしろいものです。ほとんどのインターホンはスピーカとマイクを共用しています。スピーカしかないのに外来者の声を茶の間で聞けるのはそのためです。

写真 82　スピーカ

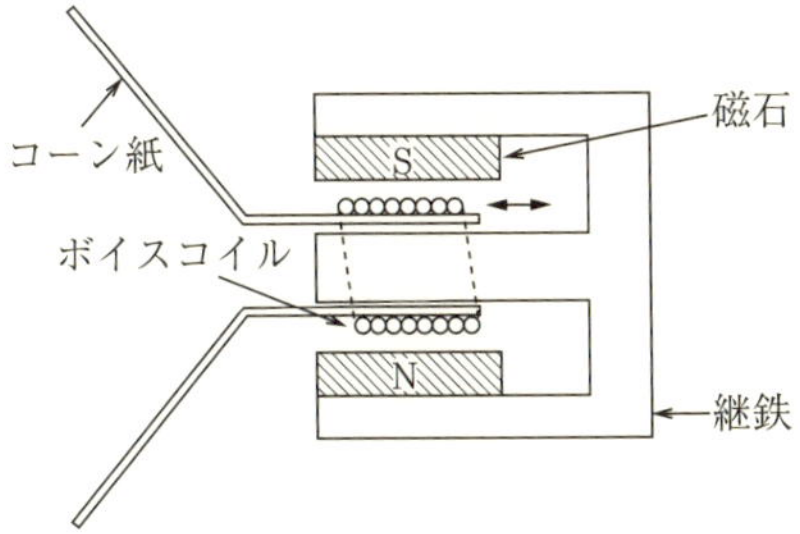

図 11　スピーカの原理

コイルに電気信号を与えると、コーン紙が振動し、音となって聞こえ（スピーカ）、コーン紙を振動させると、音はコイルへの電気信号となって出力されます（マイク）。

つまり、スピーカは電気的信号を機械的振動に、マイクは機械的振動を電気的信号に変える信号変換器です。

30　ボイスコイルモータ

スピーカで音を出すにはコイルに電流を流してコーン紙を振動させます（29章参照）。この振動が空気に伝わり、その振動が音になって、私たちの耳に聞こえます。この動作の原理を応用して動かすようにした装置がボイスコイルモータです（写真83・84）。

スピーカのときと同様に、磁石と継鉄で作られる磁界の中にコイルが巻かれています。このコイルに、間欠的に（連続的な信号電流ではなく）、一定の信号電流（これをパルスといいます。図12）を送ります。それによってコイルは、スピーカのときの無段階動作ではなく、信号の数だけ、決まった幅の動きをします。

電流の向きを変えると、コイルの動く方向が変わります。通常のモータが回転運動であるのに対して、ボイスコイルモータは限られた範囲を、直線や円弧を描いて運動します。直線運動するボイスコイルモータをリニアタイプ（写真83）、円弧運動するボイスコイルモータをスイングタイプ

（写真84）といいます。リニアタイプは完全な直線運動をしますが、スイングタイプは支点のまわりで円弧を描くような運動をします。これは機械的に運動方向を変えているだけで、基本的な動きの違いはありません。この動き方が、磁気ディスクへ記録したり、その記録を読み込んだりするために磁気ヘッドを動かすのに都合のよい動きなのです。したがって、コンピュータの記憶装置でHDD（ハードディスクドライブ、分解したものは写真83、84）と呼ばれるところやCDプレーヤなどにたくさん使われるようになっています。

写真83　HDDのリニアタイプ

写真84　HDDのスイングタイプ

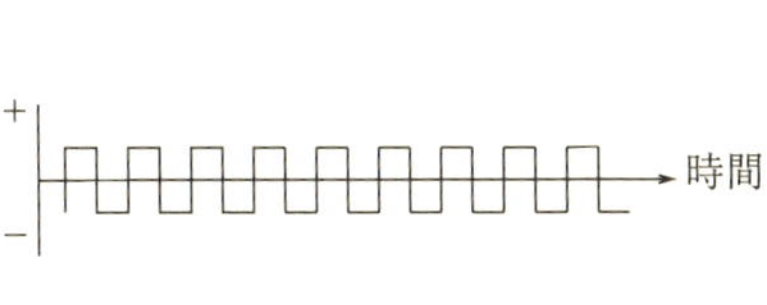

図12　パルス信号

あとがき

三、四年ほど前です。加藤哲男先生から「こんな原稿があるが、君、中学生にもわかるような本にできないかね」と、先生のご著書「磁石の世界」(コロナ社)という本を示されて、たいへんむずかしいテーマをいただきました。

こうしてこの本の執筆《しっぴつ》が始まりました。磁石の一部について、楽しそうに学べるいくつかの基礎的なことをまとめました。磁石の使い道についても、おもな事柄《ことがら》を説明しました。このほかにも身近に、たくさんの応用があります。電話機や、いろいろな電気計器とか、冷蔵庫や電子レンジにも多種類の磁石が使われています。見えないところでセンサにも使われています。調べてみるのも楽しいものです。

自動車には発電機(ダイナモ)や始動モータ(セルモータ)以外に各種のモータが使われています。そのほか、スピードメータやオートドアロックなどの多くの部品にも磁石が使われています。高級車といわれるものほど多くの磁石部品が使われています。磁石部品の使用個数の違いはなんなのかも調べるとおもしろいですよ。最近では、磁石の原理を利用して、おもちゃにも複雑な動きのものがかなり作られるようになってきています。それぞれ磁石の種類や原理について調べてみたらおもしろいと思います。磁石とその応用については、まだこれからも、どんどん発展していくことでしょう。

ナノテクノロジーという言葉を聞いたことはありませんか。英語でナノとは十億分の一のことをいいます。今まで述べた磁石は、生活で目につく比較的大きな磁石でした。ナノという小さい領域で磁石を規則正しく並べられるようになれば、ナノ技術で極小の磁性材料を利用して、今までより多様な利用方法が考えられます。コンピュータにおいては、今までよりもっと速く処理できるコンピュータの実現が期待されます。また、医療への応用では人間の手の届かない身体の部分まで、磁石に薬をくっつけて運んで患部を治療することも夢ではありません。この方法ですと他の部位への影響を最小限度に抑え、局所的に病気を治療できる利点があります。二〇〇九年七月三日の新聞は「腸などの検査に使うカプセル内視鏡を、磁力で外部から自由に制御することができる駆動装置の開発に、龍谷大学と大坂医科大学グループが成功したと発表した」と報じています。これは胃や腸の蠕動《ぜんどう》運動でしか移動できなかった今までと違い、体外からの遠隔《えんかく》操作によって自在な検査、診断が可能になったことを告げています。実験では、犬の胃に水と一緒に入れて体外から動きを制御し、リアルタイムで体内を撮影して見ることや、胃壁の小さな異物を見つけることにも成功したということです。

従来のものをより大きくすること、小さくすること、そしてより強くすること、弱くすることは技術革新です。そのことによって、今まで考えもつかなかった応用も可能になってきます。

このように磁石は紀元前に発見され、古くから私たちの生活で利用されてきましたが、現在も、また未来も、人間の文化的な生活に貢献してくれることを大いに期待できる研究分野です。

まだ、まだ、使われていない応用で、みなさんのアイデアが生きてくる場面だって、可能性は十分にあるのです。期待します。

この執筆の機会をいただいた加藤哲男先生に感謝します。

人物紹介（誕生年順）

1．伊能忠敬（いのうただたか，一七四五（延享二）～一八一八（文化一五）年）千葉県山武郡九十九里町生まれ。元商人，十七歳で佐原伊能家の婿《むこ》養子となる。五十歳を過ぎて家督を長男に譲《ゆず》り，隠居。その後，江戸に出て，医学，天文学，測量などを学ぶ。五十五歳のときより，東北・北海道の測量を手始めに日本地図の制作に取りかかる。幕府からの命を受け，全国の測量をはじめ，「大日本沿海輿《よ》地全図」のデータを作った。一八一八（文政元）年，七十三歳で死去するが，地図はその後，一八二一（文政四）年に完成する。日本で初めて金星の子午線経過（**culmination**）を観測した。

2．エルステッド（**Hans Christian Oersted**，デンマーク，一七七七～一八五一年）薬剤師。その後，コペンハーゲン大学で電気化学を学んだ。物理学者，化学者。その後，教師となった。一八二〇年，電流の磁気作用を発見し，電気と磁気との間の関係を初めて証明した。ファラデーとも親交があり，反磁性体の実験を行った。化学の分野では，一八二五年，アルミニウムの分離に初めて成功した。また，〔Oe〕（エルステッド）という電磁単位系の磁界（磁場）の強さの単位として名前を残した。**1 Oe = 79.577 A/m** である。

3. アラゴ（Dominique Francois Jean Arago、フランス、一七八六～一八五三年）数学者、物理学者、天文学者で、政治家としてフランスの陸海軍大臣を務《つと》めた。

一八二〇年、三十四歳のときエルステッドの論文を読み、電流の磁気作用の実験などを行っているが、一八二四年、三十八歳のとき、つるした銅の円板の下に置いたU字型（馬蹄形）の磁石を静かに回せば、上の円板も磁石と同じ方向に回り出す現象を発見した。当時は物理学者が説明できず、「アラゴのふしぎな回転板」として知られていた。また、針金に電流を流して鉄粉を近づけると鉄粉が針金に吸いつけられるが、電流の向きと鉄粉が吸いつけられる方向が逆であることに気がついていた（アンペアも気がついていた）といわれる。光速の毎秒一八万七千マイル（一マイルは約一・六一キロメートル）という値を求めた。また、光の波動説実証はポアソン（一七八一～一八四〇年）より先に行ったとの話も残る。

4. ファラデー（Michael Faraday、イギリス、一七九一～一八六七年）科学者、物理学者。

ロンドン郊外の小さな村で生まれた。十三歳のとき製本屋の見習い店員になり、店にまわってくる科学の本を読んでいるうちに、科学者になりたいと思うようになった。数年たったある日、ファラデーはハンフリィ・デービー教授の講演を聞く機会に恵まれた。講演を聞いたファラデーは、その内容を順序よく学問的にまとめて教授に送り、難関だった王立研究所への就職を懇願《こんがん》する。晴れて二十一歳のとき、研究所の助手になった話は有名。一八二三年、塩素の液化を発見した。一八三一年に電磁誘導現象を発見、電磁誘導の法則、電気分解の法則とつぎつぎに大発見をした。また、静電容量の〔F〕（ファラド）という単位として名前を残した。

5．フレミング（**Jon Ambrose Fleming**、イギリス、一八四九～一九四五年）物理学者。ランカスター生まれ。

ロンドン大学入学の後、ケンブリッジ大学の応用力学の講師。その後、一八九七年、二十三歳のマルコーニと無線技術顧問として会社を設立。検波器などの研究を行った。

電気磁気学の基礎、磁力線・運動・起電力の方向を示す関係の法則化、フレミングの右手・左手の法則は有名。一九〇四年、二極真空管の整流作用を発見した。無線の実用化に尽くした。一九〇六年にド・フォレイらと三極真空管を発明した。二極真空管（バルブ、**oscillation valve**）の名づけ親でもある。

一八八五年、三十六歳で、母校のロンドン大学の電気工学教授になる。

6．テスラ（**Nikola Tesla**、一八五六～一九四三年）クロアチア生まれ。科学者、発明家で電気の天才といわれた。電気技師。

一八八四年にアメリカに移住、エジソン電灯会社に勤《つと》めるが、交流が嫌いなエジソンを嫌って退社、ウエスティングハウス社に入社、一八八七年、二相誘導電動機を生産した。一八九三年、講演時に近距離の無線送受実験を成功させた。テスラ変圧器を考案。テスラコイルや、無線送電システムを提唱したことでも有名。終生、エジソンとの不仲が噂《うわさ》にのぼり、ノーベル賞候補に数度名を連ねるが受賞には至らなかった。また、〔T〕（テスラ）という磁束密度を表す単位として名前を残した。

7. 本多光太郎（ほんだこうたろう、一八七〇（明治三）～一九五四（昭和二九）年）愛知県岡崎市矢作町生まれ。物理学者。冶金《やきん》学・材料物性学の専門家で、研究教育者（東京理科大学初代学長）。

一九一七年に磁性鋼の「KS鋼」を発明。発明当時、世界最強の永久磁石だった（当時、磁石は特殊《とくしゅ》鋼としていたから、「○○鋼」と呼んだ）。

一九三一年には三島徳七によって開発されたMK鋼に生産を奪《うば》われるが、一九三四年にMK鋼を上回る特性の「新KS鋼」を開発した。ちなみにKS鋼の名は、本多らに研究費を供した住友吉佐衛門《すみともきちざえもん》の頭《かしら》文字であるといわれる。

8. 三島徳七（みしまとくしち、一八九三（明治二六）～一九七五（昭和五〇）年）兵庫県淡路島生まれ。専門は冶金学（東京帝国大学工学部鉄冶金学科卒）。

一九三一年、鉄とニッケルの合金（ニッケル鋼）は永久磁石にならない（磁性がない）が、この合金にアルミニウムを加えた合金は永久磁石になる（磁性が回復する）ことを発見した。これを「MK鋼」という。MK鋼は、従来の炭素の特殊鋼の磁石や本多光太郎のKS鋼に比較して磁特性がよく、しかも製造費用や材料価格を抑えることができた。ちなみにＭＫ鋼の名は、Ｍは三島（養家）、Ｋは喜住《きずみ》（生家）の頭文字であるといわれる。

9．武井武（たけいたけし、一八九九（明治三二）～一九九二（平成四）年）埼玉県北足立郡与野町（現在のさいたま市中央区）生まれ。電気化学者。東北帝国大学理学部金属材料研究所助手を経て、一九二九年に東京工業大学助教授に就任《しゅうにん》した。

国際的に評価された新永久磁石の「ＯＰ磁石（oxide powder magnet、コバルトフェライト）」の発明は有名。このＯＰ磁石は、本多光太郎のＫＳ磁石や三島徳七のＭＫ磁石とともに、現在、電子機器の磁気性記録媒体《ばいたい》として使用されているフェライト磁石の基礎を築《きず》いた（酸化鉄を主成分とした磁性材料の総称をフェライトというが、従来は「唖《あ》鉄酸から導かれる塩《えん》」という意味である）。

一九三六年、第四回国際フェライト会議（米国セラミクス協会がサンフランシスコで開催）で「武井武賞」が創設され、最初の受賞。一九九〇年二月、米国セラミクス協会からフェライトに関する研究業績をたたえられ、「フェライトの父」と呼ばれた。

参考文献（発行年順）

丹羽保次郎著「電気を開いた人々」、東京電機大学出版部、一九五二年
力武常次著「なぜ磁石は北をさすか　地球物理学入門」、講談社、一九五九年
牧野昇著「磁性材料とその応用」、オーム社、一九六二年
橋本尚著「電気に強くなる」、講談社、一九六九年
二見一雄著「電気の歴史」、コロナ社、一九七三年
中村弘著「磁石のＡＢＣ　磁針から超電導磁石まで」、講談社、一九八七年
坪島茂彦・高井俊夫著「新しい小型モータ技術」、オーム社、一九八八年
加藤哲男著「磁石の世界」、コロナ社、一九九五年
日本電子材料工業会編「磁石のはなし」、電子材料工業会、一九九八年
石川太郎著「電気の文化歩み点描」、家庭電気文化会中部支社、一九九九年
志村隆編「ずかん百科　学研の図鑑」、学研出版、二〇〇六年
澤岡昭著「電子・光材料」、森北出版、二〇〇七年
茂吉雅典著「水燃えて輝く　木曽川の水力発電開発を中心に」、岐阜新聞社、二〇〇九年

索　　　　引

磁石のふしぎ

2010年3月16日　初版第1刷発行

検印省略

著　者　茂《も》　吉《よし》　雅《まさ》　典《のり》
　　　　早《はや》　川《かわ》　謙《けん》　二《じ》
発行者　株式会社　コロナ社
　　　　代表者　牛来真也
印刷所　萩原印刷株式会社

112-0011　東京都文京区千石4-46-10
発行所　株式会社　コロナ社
CORONA PUBLISHING CO., LTD.
Tokyo　Japan
振替　00140-8-14844・電話（03）3941-3131（代）
ホームページ　http://www.coronasha.co.jp

ISBN 978-4-339-07706-3　（岩崎）　（製本：愛千製本所）
Printed in Japan

新コロナシリーズ

発刊のことば

西欧の歴史の中では、科学の伝統と技術のそれとははっきり分かれていました。それが現在では科学技術とよんで少しの不自然さもなく受け入れられています。つまり科学と技術が互いにうまく連携しあって今日の社会・経済的繁栄を築いているといえましょう。テレビや新聞でも科学や新しい技術の紹介をとり上げる機会が増え、人々の関心も大いに高まっています。

反面、私たちの豊かな生活を目的とした技術の進歩が、そのあまりの速さと激しさゆえに、時としていささかの社会的ひずみを生んでいることも事実です。

これらの問題を解決し、真に豊かな生活を送るための素地は、複合技術の時代に対応した国民全般の幅広い自然科学的知識のレベル向上にあります。

以上の点をふまえ、本シリーズは、自然科学に興味をもたれる高校生なども含めた一般の人々を対象に自然科学および科学技術の分野で関心の高い問題をとりあげ、それをわかりやすく解説する目的で企画致しました。また、本シリーズは、これによって興味を起こさせると同時に、専門分野へのアプローチにもなるものです。

●投稿のお願い

「発刊のことば」の趣旨をご理解いただいた上で、皆様からの投稿を歓迎します。

パソコンが家庭にまで入り込む時代を考えれば、研究者や技術者、学生はむろんのこと、産業界の人も家庭の主婦も科学・技術に無関心ではいられません。

このシリーズ発刊の意義もそこにあり、したがって、テーマは広く自然科学に関するものとし、高校生レベルで十分理解できる内容とします。また、映像化時代に合わせて、イラストや写真を豊富に挿入し、できるだけ広い視野からテーマを掘り起こし、科学はむずかしい、という観念を読者から取り除き興味を引き出せればと思います。

●体　裁

判型・頁数：B六判　一五〇頁程度

字詰：縦書き　一頁　四四字×十六行

なお、詳細について、また投稿を希望される場合は前もって左記にご連絡下さるようお願い致します。

●お問い合せ

コロナ社　「新コロナシリーズ」担当

電話　(〇三)三九四一－三一三一